Harry Gatterer

Future Room

W0402014

MURMANN
MURMANN PUBLISHERS

Entdecken Sie
die Zukunft
Ihres Unternehmens

Bibliografische Information der Deutschen Nationalbibliothek
Die Deutsche Nationalbibliothek verzeichnet diese Publikation in der deutschen Nationalbibliografie; detaillierte bibliografische Daten sind im Internet über http://dnb.d-nb.de abrufbar.

Das Werk einschließlich aller seiner Teile ist urheberrechtlich geschützt. Jede Verwertung ist ohne Zustimmung des Verlages unzulässig. Das gilt insbesondere für Vervielfältigungen, Übersetzungen, Mikroverfilmungen und die Einspeicherung und Verarbeitung in elektronischen Systemen.

© 2018 Murmann Publishers GmbH, Hamburg

Illustrationen: Judith Hilgenstöhler
Druck und Bindung: CPI books GmbH, Leck
Printed in Germany

ISBN 978-3-86774-595-6

Besuchen Sie unseren Web-Shop: www.murmann-verlag.de
Ihre Meinung zu diesem Buch interessiert uns!
Zuschriften bitte an info@murmann-publishers.de
Den Newsletter des Murmann Verlages können Sie anfordern unter newsletter@murmann-publishers.de

▷ READY

Kapitel 1

▷ Draußen vor der Tür

Willkommen vor dem Eingang zum Future Room! Bevor Sie diesen geheimnisvollen Raum betreten, möchten Sie sicher wissen: Was hat es damit auf sich? Wieso sollte ich überhaupt hineingehen? Wie sieht der Future Room denn aus? Und was erwartet mich darin?

Der Future Room ist eine neue Methode, die wir im Zukunftsinstitut entwickelt haben, weil wir einen Aha-Moment hatten. Wir haben nämlich viele Jahre Erfahrung darin, den gesellschaftlichen und wirtschaftlichen Wandel zu erkennen und zu beschreiben. Und irgendwann kam für uns der Punkt, an dem wir feststellten: Was wir als internationaler Thinktank für Trend- und Zukunftsforschung für unsere Kunden tun, das können wir auch beratend mit unseren Kunden tun – aus einer Analyse gegenwärtiger Muster Rückschlüsse auf die spezifische Zukunft unserer Kunden ziehen. Das war unser Aha-Moment. Deshalb haben wir den Future Room entwickelt – als Methode für die gemeinsame Arbeit mit unseren Kunden. Mit diesem Buch wollen wir, möchte ich als Geschäftsführer des Zukunftsinstituts diese Methode jetzt in Ihre Hände legen.

Der Future Room ist also eine Methode, ein systematisches Vorgehen, das es jedem Unternehmen ermöglicht, seine Zukunft zu entdecken, und das heißt immer auch: seine Zukunft zu gestalten. Im Future Room kann ein Unternehmen seine Zukunftspotenziale erkennen. Es kann darin seine verborgenen Kräfte entdecken und erfahren, wie es diese Kräfte in einer sich verändernden Welt entfalten kann. Aus diesem Wissen kann es die richtigen nächsten Schritte ableiten.

Das bedeutet: Der Future Room ermöglicht bessere strategische Entscheidungen.

NÄHE STATT DISTANZ ... UND EIN PAAR FRAGEN

Für den Erfolg im Future Room ist das Allerwichtigste, dass Sie diese Methode als Ihre Methode nutzen, dass sie nicht etwas ist, was Ihnen von irgendwelchen abgehobenen Experten aufgedrängt wurde. Der Future Room ist ein Angebot für Sie. Nicht mehr und nicht weniger. Wenn Sie das Angebot annehmen wollen, erfordert das nur eins: dass Sie im Future Room mit sich und untereinander offen und ehrlich sind.

Nun stehen Sie also hier am Anfang des Buches, sozusagen vor der Tür des Zukunftsraums, des Future Rooms, und ich habe zunächst ein paar Fragen an Sie:

- Wie stellen Sie sich die Zukunft Ihres Unternehmens vor?
- Was wünschen Sie sich für die Zukunft Ihres Unternehmens?
- Wie lauten Ihre Zukunftsfragen?

Vermutlich fragen Sie sich: Was müssen wir tun, damit es uns in Zukunft noch gibt? Und was müssen wir tun, damit wir erfolgreich sind, damit wir also auch in Zukunft noch eine Zukunft haben? Vielleicht fragen Sie sich aber auch ganz allgemein: Was wird die Zukunft bringen?

Womöglich schauen Sie mit Zuversicht in die Zukunft, das wäre schön. Vielleicht haben Sie aber auch ein wenig Angst, weil Sie keine befriedigenden Antworten auf Ihre Fragen haben und fürchten, dass Sie keine finden werden.

Und das ist ja auch ganz verständlich. Denn niemand kennt die Zukunft.

DIE ZUKUNFT BEGINNT JETZT

Niemand kennt die Zukunft, und doch sind unser Denken und Handeln jederzeit in die Zukunft gerichtet. Wir denken und handeln zwar in der Gegenwart, aber all unsere Fragen und all unsere Vorhaben sind immer auf die Zukunft bezogen – selbst wenn ihr Gegenstand die Vergangenheit sein sollte. Denn Antworten und Verwirklichungen stehen immer noch aus. Auf diese Weise sind wir immer auch *in* der Zukunft. Oder, anders gesagt: Zukunft ist, solange wir existieren, immer um uns herum.

Solange wir existieren, haben wir immer eine Zukunft. Die Frage ist nur, wie sie beschaffen sein wird. Kein Mensch verfügt über eine Kristallkugel, auch wir Zukunftsforscher nicht. Es gibt aber Methoden, mit denen wir die größte mögliche Klarheit über die Zukunft gewinnen können. Unser gesamtes Wissen über die Zukunft beruht auf der Betrachtung unserer Vergangenheit und Gegenwart. Aus diesem Wissen die bestmögliche Zukunftssicherheit für Unternehmen zu gewinnen erfordert eine besondere Methode. Den Future Room.

Wir kennen die Zukunft Ihres Unternehmens nicht. Sie kennen diese Zukunft nicht. Aber Sie können sie *jetzt* vorbereiten. Und damit mehr Sicherheit und Handlungskompetenz gewinnen. Im Future Room finden Sie die Antworten auf Ihre Zukunftsfragen.

WELCOME TO THE FUTURE ROOM!

Der Name »Future Room« steht für einen Denk- und Gestaltungsraum. Einen Raum, in dem wir konzentriert über die Zukunft unseres Unternehmens nachdenken. Einen Raum, in dem wir unsere Zukunftsfragen beantworten. Deren Lösung liegt in uns und bei uns. Es ist *unsere* Zukunft.

Der Future Room ist kein realer Raum. Dennoch habe ich ein Bild von diesem Raum: Er ist kugelförmig, um uns eine multiperspektivische Sicht auf die Dinge zu ermöglichen. Der Raum ist außerdem immer da.

Wir können ihn jederzeit betreten, wenn wir Sicherheit über die Zukunft unseres Unternehmens gewinnen wollen. Denn er befindet sich stets *in* unserem Unternehmen.

Als Methode steht der Future Room für eine bestimmte Art des Nachdenkens über die Zukunft unseres Unternehmens und eine bestimmte Art der Auswertung unserer Betrachtungen. Wir entwickeln damit einen Forecast und nehmen eine Selbstdiagnose vor. Daraus ergeben sich für uns präzise Konsequenzen. Aus ihnen lassen sich konkrete Aktionen ableiten. Kurz: Im Future Room gewinnen wir Orientierung und Klarheit über unsere nächsten Schritte in die Zukunft.

Willkommen im Future Room!

Kapitel 2

▷ Drinnen im Kopf

Die Vorbereitungen für den Future Room beginnen im eigenen Kopf, denn unser Denken über die Zukunft ist für unsere Zukunft entscheidend. Wir leben im Hier und Jetzt, und Zukunft bleibt immer hypothetisch. Dennoch prägen unsere Vorstellungen über die Zukunft unser Handeln in der Gegenwart. Normalerweise überlagern sich enorm viele Kategorien, in denen wir an unsere Zukunft denken: Ziele, Pläne, Vorhaben beispielsweise, oder auch Hoffnungen, Freude, Ängste und Wünsche. Außerdem ist unser Denken über die Zukunft nie voraussetzungslos. Wir sind beeinflusst von Medien, dem Gemurmel und den Erwartungen von Freunden und Kollegen, den Erfolgen anderer. Und wir können uns den Wirtschafts- und Branchenentwicklungen nicht entziehen. Zudem prägen uns natürlich persönliche Erfahrungen – denken Sie an die Hektik des Alltags und an Ihre Erfolge oder Misserfolge. Kurzum: Über Zukunft nachzudenken ist gar nicht so einfach, wie es scheint. Gerade deshalb ist es notwendig, dass wir uns der Einflüsse auf unser Zukunftsdenken bewusst sind.

TRENDWÖRTER: VIREN IM KOPF

Da sind zum Beispiel die Trendwörter, die wie Viren durch die Wirtschaft geistern. Ein Gespräch mit einem Kunden hat mir das unlängst verdeutlicht. In der Vorbereitung eines Meetings sagte er: »Herr Gatterer, Sie wissen ja, es geht im Wesentlichen um Digitalisierung: die Frage nach Automatisierung,

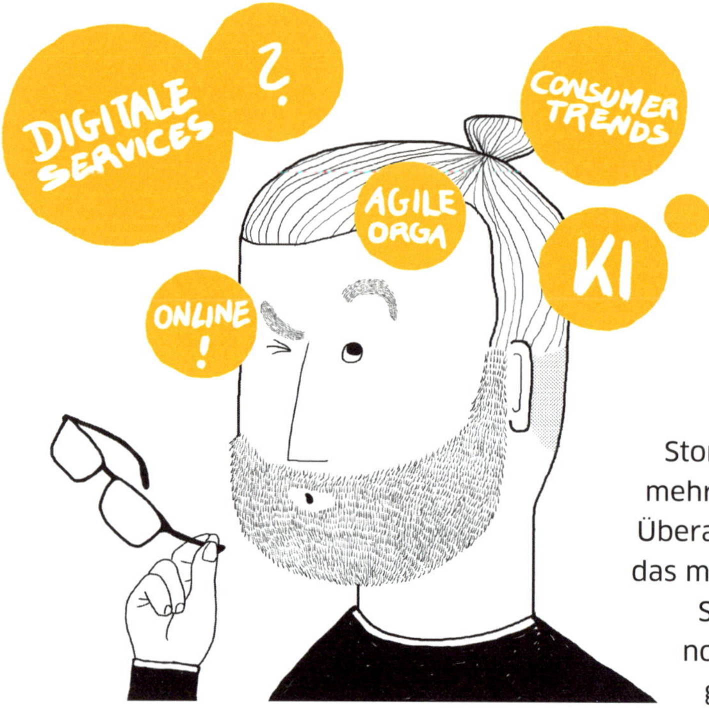

KI und digitale Services. Ich meine, natürlich müssen wir das Thema agile Organisation streifen und uns über mögliche Kundenbedürfnisse unterhalten, Consumer-Trends: Es ist schon klar, dass wir bald autonome Autos haben, aber werden die Kunden dann dennoch in die Stores kommen oder alles nur mehr online machen? Und die Überalterung der Gesellschaft, auch das müssen wir …«

Seine Ausführungen dauerten noch etwas länger an. Ein unglaubliches Schwirren von Worten und Aussagen, die in keinem Zukunftsdialog fehlen. Nichts davon ist falsch, und selbstverständlich haben all diese Begriffe etwas mit der Zukunft zu tun. Fragen des technischen Fortschritts, der Evolution von Organisationen oder der Entwicklung von menschlichen Bedürfnissen sind eng mit der Zukunft verbunden. Aber wir können nicht alles auf einmal in den Blick bekommen. Die Trendwörter breiten sich jedoch ungehemmt aus und übernehmen jeden Diskurs. Dieser virale Effekt der Trendwörter ist kein Zufall. Menschen suchen nach Orientierung und finden Begriffe. In allen Medien kann man sie dann lesen. Sie finden sich in jeder Rede, jedem Seminar und jedem Workshop. Aber was steckt wirklich dahinter?

DIE FRAGMENTIERTE WAHRNEHMUNG

Eine Ursache für die inflationäre Verwendung von Trendwörtern ist die Komplexität unserer Zeit: Die Welt ist so stark vernetzt, dass wir vermeintlich alles, was geschieht, gleichzeitig wahrnehmen können. Dies führt allerdings dazu, dass wir nur mehr kleine, gefilterte Ausschnitte der Welt sehen. Wir graben uns auf Screens in Details ein, lesen mal dies, mal jenes. Wir schnappen hier einen Satz auf, dort ein Wort und machen dies – meist unbewusst – zu unserem Denken. Dabei gelingt es kaum noch, sinnvolle Verbindungen herzustellen. Oft werden Trendwörter verwendet, ohne dass ein tieferes Verständnis der Zusammenhänge zugrunde liegt. Das führt zu konfusen Gedanken. Was haben agile Organisationen mit selbstfahrenden Autos zu tun? Selbstverständlich lässt sich da irgendein Zusammenhang konstruieren, aber jedenfalls kein direkter.

Aus der bloß oberflächlichen Zusammensetzung unserer Wahrnehmungssplitter entsteht eine Überforderung. Wir entwickeln ein unklares und verworrenes Bild der Zukunft, das uns beunruhigt und überwältigt. Unser Kopf produziert dann zwei alternative Auswege. Erstens: Verteidigung. Wir reagieren, indem wir uns zurückziehen und lieber noch mehr von dem tun, was wir immer schon getan haben, statt nach neuen Lösungen zu suchen. Unsere Aktivitäten dienen dem Schutz des Gewohnten. Oder, zweitens: Angriff: Dann preschen wir nach vorne und reagieren zu heftig. Wir handeln unbedacht, tun zu viel und wollen auch noch versuchen, die anderen mitzureißen: »Wir müssen doch endlich mal ...! Wenn wir jetzt nicht handeln, wird es düster!« Und all dies auf einem instabilen Fundament – denn unser dem zugrunde liegendes Zukunftsbild ist nicht tragfähig.

Wir kennen diese Reflexe, Rückzug und Angriff, von uns selbst oder durch die Beobachtung unseres Umfelds. Und ich finde es wichtig, dass wir dieses Verhalten respektieren. Denn wir bewegen uns auf Neuland: Eine derartige Dichte an Informationen, Paradoxien und Möglichkeiten, wie wir sie heute erleben, ist in den letzten Generationen schlichtweg nicht vorgekommen. Im Future Room können wir lernen, unseren Kopf – unser Denken und Fühlen – für diese neue Realität zu sensibilisieren.

VON DER ZUKUNFT ZU DEN POTENZIALEN DES UNTERNEHMENS

Zuallererst geht es darum, sich wieder selbst in den eigenen Potenzialen wahrzunehmen. Denn in jedem Unternehmen stecken Potenziale, die eine Zukunft haben. Jedes Unternehmen hat verborgene Kräfte, die sich entfalten können und wollen. Erst wenn Ihnen diese Potenziale bewusst sind, können Sie Zukunft als Gestaltungsraum erkennen und nutzen. Die Potenziale entspringen keiner mystischen Quelle. Sie sind vielmehr das Ergebnis der Ideen, Emotionen und Gedanken, die ein Unternehmen antreiben. Sie sind sozusagen der kleinste gemeinsame Nenner von allen, die in einem Unternehmen tätig sind. Sie sind die geistige Struktur, die sich in einem Unternehmen entfaltet. Im Alltag erleben wir das durch die Kultur, die Rituale oder Haltungen in unserem Unternehmen.

Über diesen Potenzialen liegen jedoch unterschiedliche Filter, durch die ein Unternehmen die Welt beobachtet und einschätzt. Der Nobelpreisträger Daniel Kahneman hat diese Filter ausführlich erforscht und in seinem Buch *Schnelles Denken, langsames Denken*[1] wunderbar beschrieben. Sein Urteil: »Wir wissen viel weniger über uns selbst, als wir zu wissen glauben.« Denn die Filter, durch die wir die Welt betrachten, sind uns meist nicht bewusst. Zudem sind wir anfällig für sogenannte »Primings«, also die Beeinflussung durch vorangegangene Reize. Kahneman schreibt dazu, dass wir »[...] uns mit der befremdlichen Vorstellung abfinden [müssen], dass unsere Handlungen und Emotionen durch Ereignisse geprimt werden können, deren wir uns nicht einmal bewusst sind.« Dies bedeutet, dass die Filter, mit denen Ihr Unternehmen die Welt wahrnimmt, von Ihrem Umfeld geprägt sind, von der Umgebung Ihres Unternehmens und sehr häufig von der eigenen Branche. Warum sieht jeder Obststand auf einem Markt gleich aus? Die Beeinflussung durch Filter ist den wenigsten Menschen wirklich bewusst. Meiner Erfahrung nach ist es sogar so, dass Menschen in Unternehmen diese Filter kollektiv annehmen, ohne je darüber nachzudenken. Die Philosophin Natalie Knapp[2] hat das wunderbar formuliert: »Während Kleiderordnungen offensichtlich sind, entfalten sich Denkordnungen meist im Verborgenen.

▷

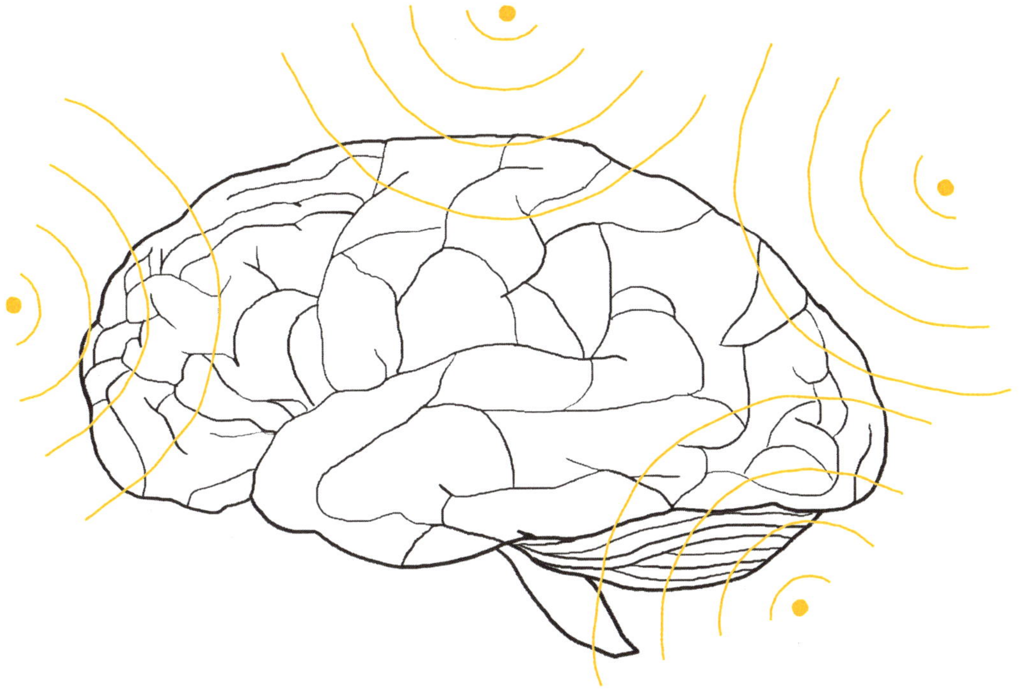

Die meisten Menschen stellen sich auf die Gedankenformen ein, die sie umgeben.«

Vor einigen Jahren wurde mir dies sehr deutlich vor Augen geführt: In den USA hat ein ehemaliger Entwickler von Apple, Tony Fadell, ein Thermostat gebaut. Heute ist es sehr bekannt, das Unternehmen nennt sich »Nest«. Als die ersten Produkte als Prototypen publik wurden, habe ich sie einer Gruppe von Führungskräften eines großen Energieversorgers gezeigt. Diese waren, zu meiner Verwunderung, nicht sehr angetan. Die Kommentare klangen alle sehr ähnlich: »Das ist zwar schönes Design, aber was sollen wir damit?« Und dennoch wurde schon damals ständig von Smart-Home-Lösungen – Achtung, Trendwort-Virus – gesprochen. Das Desinteresse konnte ich gar nicht verstehen, denn »Nest« war ein wunderbares, völlig neu gedachtes Produkt für das Segment Smart Home. Mir ist es nicht gelungen, die Gruppe dafür zu faszinieren. Wenige Monate später hat Google das Unternehmen »Nest« für etwas über drei Milliarden US-Dollar gekauft.

Ähnliches erlebte ich, als wir vor einigen Jahren mit mehreren Hoteliers arbeiten durften. Die Frage war: Was ist das Hotel der Zukunft? Unsere Antwort war damals schon sehr deutlich: Das eine Hotel der Zukunft gibt es nicht. Es gibt viele, diverse Lösungen, die Menschen auf

Reisen nutzen werden, um zu übernachten: Hotels (mit und ohne Sterne), Hostels, aber auch Sharing-Lösungen. Zu dieser Zeit gab es die Plattform Airbnb noch nicht, und den Hoteliers schien die Diskussion rund um das Sharing und die Hostels sehr fremd. Sie wollten letztlich wissen, wie denn das Hotelzimmer der Zukunft aussehen würde und ob die Leute online einchecken würden. Wie diese Geschichte ausging, können wir heute anhand der Erfolge von Airbnb und ähnlichen Anbietern sehen.

DIE INNEREN FILTER PRÄGEN DIE ZUKUNFTSFÄHIGKEIT

Nach diesen Erlebnissen war ich zuerst etwas ratlos: Was hatte ich falsch gemacht? Warum konnte ich meine Einsichten nicht vermitteln? Ich suchte die Ursache bei mir, doch dann erkannte ich, dass sie woanders lag: Die inneren Filter eines Unternehmens prägen dessen Wahrnehmung und Zukunftsfähigkeit stärker als von außen stammende Informationen. Selbst dann, wenn diese von Trendforschern kommen, die sich ausschließlich mit der Zukunft beschäftigen. Auch wenn einzelne Personen im Unternehmen Zukunftsentwicklungen sehen und richtig einschätzen, bedeutet dies noch nicht, dass das Unternehmen als Ganzes sie erkennen und angemessen darauf reagieren kann.

Um diese Erfahrungen reicher, wurde mir sehr klar, dass die inneren Filter die Potenziale eines Unternehmens verdecken. Sehr häufig entstehen emotionale Verzerrungen, weil zum Beispiel ein Klima der Zukunftsangst in einem Unternehmen herrscht. In jedem Unternehmen gibt es Blind Spots, blinde Flecken – also Bereiche, die völlig unbeobachtet und unbedacht sind. Diese sind zum Beispiel Bereiche innerhalb der eigenen Organisation oder Marktentwicklungen. Und es gibt grundlegende Frames, also Denkrahmen, auf die sich eine Organisation unbewusst festgelegt hat – wie zum Beispiel, dass die Zukunft des Hotels sich vor allem an der Frage nach dem zukünftigen Hotelzimmer entscheidet. Die Wahrnehmung eines Unternehmens wird durch diese Filtereffekte so stark beeinflusst, dass es die Zukunft nicht erkennt, selbst dann, wenn sie vor ihm steht. Mir war also klar: Wenn sich ein Unternehmen mit der Zukunft beschäftigen möchte, nützt es nichts, diesem Unternehmen noch mehr Informationen zu geben. Ganz im Gegenteil erscheint es mir heute so, dass die meisten Unternehmen genug oder gar zu viele Informationen haben. Die Frage ist: Welche Information ist relevant für die Zukunft, für unsere Zukunft? Die Antwort auf diese Frage ist dabei nicht im Außen, in den Trends, zu suchen. Stattdessen gilt es zuerst, die eigene Wahrnehmung und die Verbindungen des Unternehmens zur Welt zu identifizieren.

Im Future Room lernen Sie daher, diese Filter zu erkennen und zu nutzen, um den Blick auf die Potenziale in Ihrem Unternehmen freizulegen. Ohne dabei den Fokus – Zukunft – aus den Augen zu verlieren.

VON DEN VIER RÄUMLICHEN DIMENSIONEN DER WAHRNEHMUNG

Im Future Room bewegen Sie sich in verschiedenen Dimensionen der Wahrnehmung, die an unser räumliches Denken angelehnt sind. Wir stoßen dabei von offensichtlichen zu verborgenen Wahrnehmungen vor. Wie wir gesehen haben, ist unsere Wahrnehmung der Zukunft abhängig von vielen Ebenen und immens geprägt von unserer unmittelbaren Umwelt, von unseren Filtern und den uns umgebenden Eindrücken. Der Quantenphysiker David Bohm[3] hat das einmal so ausgedrückt: »Unser implizites Verständnis für die Funktionsweisen der Welt stammt aus unserem alltäglichen Erleben.« Im Future Room können wir in die impliziten, räumlichen Dimensionen des Denkens vorstoßen. Denn neue Erkenntnisse entstehen, wenn wir dem, was uns bewegt, Raum geben. Wie kann man sich das vorstellen?

Der Future Room beinhaltet vier – ja, Sie lesen richtig: vier – Dimensionen:

Eindimensional sind Punkte und Linien. In Unternehmen sind Ergebnisse immer eindimensional. Am Ende eines Wirtschaftsjahres sollte bestenfalls ein Plus stehen. Es geht um Plus oder Minus. Mehr oder weniger. Sehr oft erlebt man auch, dass Menschen in Unternehmen ihre Ziele ausschließlich eindimensional formulieren: »Nächstes Jahr wollen wir ein Plus machen.« Vielfach operieren Unternehmen dann mit KPIs, mit Kennzahlen, die ebenfalls eindimensional sind – alles nur Punkte oder Pole auf Linien. Selbstverständlich können Ziele eindimensional formuliert werden, aber Erfolge entstehen so nicht. Denn jeder Erfolg ist die Folge eines Zusammenwirkens von Menschen, auch mit Hilfe von Maschinen. Typischerweise formulieren wir dieses Zusammenwirken als Prozess, den wir dann abbilden.

Damit sind wir im Zweidimensionalen angekommen: **Das Symbol für die zweite Dimension ist die Fläche, ein Rechteck**. Abbildungen sind dann Diagramme, PowerPoint-Charts, Texte oder Screens. Auf diesen stellen wir Relationen und Bezüge her. Wir können Netzwerke malen oder Business Canvases ausfüllen. Wir fertigen Zeichnungen von Hierarchien an und bilden in Flowcharts komplizierteste Prozesse ab. Auch Datenauswertungen (Stichwort Big Data) bilden wir auf Screens ab – was aber bleibt, ist die Limitierung des Zweidimensionalen: Wir verengen all unser Denken auf eine Fläche und die Relationen darauf. Wer von uns nutzt nicht ständig irgendwelche Achsenmodelle – ebenfalls ein Versuch, die Welt in 2-D zu erklären? Das ist für unseren Kopf leicht, aber diese Dimension ist in den wenigsten Fällen ausreichend, um sich mit komplexen Zukunftsfragen zu beschäftigen.

Was uns in die dritte Dimension bringt. **Für 3-D steht wohl am meisten der Würfel**. Hier geht es um Räume, in denen Menschen miteinander agieren, etwas bewegen, Energie und Zeit investieren. Nicht umsonst ist der Raum zu einer wahren Management-Philosophie avanciert. Arbeitsumgebungen werden bewusster denn je gestaltet, neue Workshop-Methoden wie das Design Thinking, Serious Play oder ähnliche spielen mit der Dimension des Raumes. All das geschieht, um die Dreidimensionalität unserem Denken zugänglich zu machen. Im Raum geht es um Formen, Farben und Rituale. Der Raum ist Symbol und Ermöglicher gleichermaßen: Wer hat nicht schon für ein Meeting externe Räume gebucht, um der All-täglichkeit der eigenen Räume zu entkommen? Wer kennt nicht die Qualität, die ein Ortswechsel bewirken kann – man denke nur an die sprichwörtliche Idee unter der Dusche?

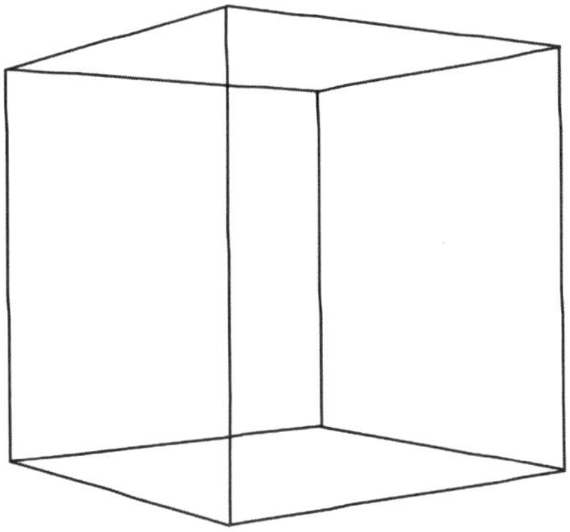

Wir alle sind physische Wesen, der dreidimensionale Raum ist unsere Heimat. Der CEO eines Unternehmens mit circa 7000 Mitarbeitern fragte mich unlängst: »Wir schwanken: Unser Headquarter ist veraltet. Sollen wir die bestehenden Räume umbauen oder auf der grünen Wiese neu bauen? Der Neubau kostet um zwanzig Prozent mehr als der Umbau. Die durch FM (Facility Management) und HR (Human Resources) errechneten Vorteile kommen aber auf maximal zwölf Prozent. Es bleiben acht Prozent über. Was meinen Sie?« Ein wunderbares Beispiel dafür, wie man versucht, eine dreidimensionale Entscheidung eindimensional zu ergründen. Das ist typisch für wirtschaftliche Entscheidungen. Meine Antwort war eine Gegenfrage: »Glauben Sie, dass in den neuen Räumen das Potenzial Ihres Unternehmens völlig neue Energien erhält? Denken Sie, Ihre Mitarbeiter könnten ganz neue Gedanken und vielleicht dann auch Business-Optionen entwickeln?« Nach einer kurzen Pause antwortete er: »Ja, das glaube ich.«

Der dreidimensionale Raum aktiviert unser Denken auf ganz wunderbare Weise, indem wir hier den Ort oder Gegenstände bewusst wahrnehmen. Doch es gibt viele Informationen, die selbst der dritten Dimension verborgen sind, die wir darin nicht wahrnehmen, erfassen und abbilden können. Um diese Informationen sichtbar zu machen, benötigen wir die vierte Dimension. **Das geometrische Objekt für die vierte Dimension ist der Hypercube oder Hyperwürfel.** (Wenn Sie mögen, schauen Sie sich einmal die Wikipedia-Seite zum Hyperwürfel an – dort finden Sie die Projektion eines rotierenden Hyperwürfels, welche dieses schwer vorstellbare Objekt anschaulich macht.) Vieles, was unser Leben ausmacht, ist implizit. Wie dieses Buch. Liegt es geschlossen vor Ihnen, ist die gesamte Information im Inneren implizit vorhanden. Erst wenn Sie es aufschlagen, darin lesen und dann auch die Worte verstehen, können

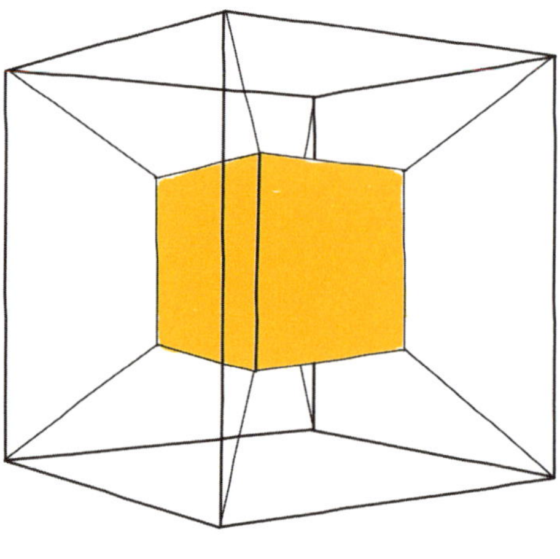

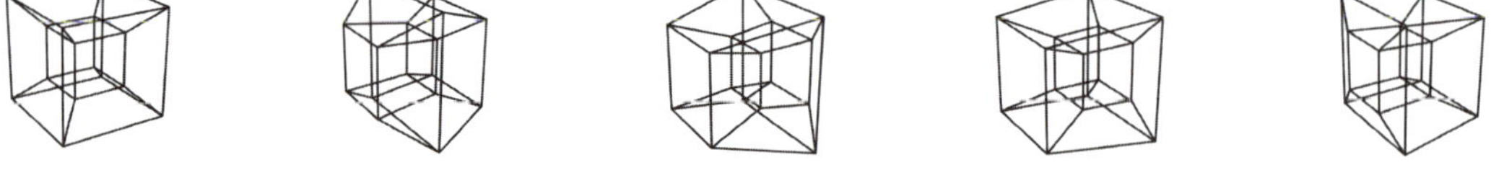

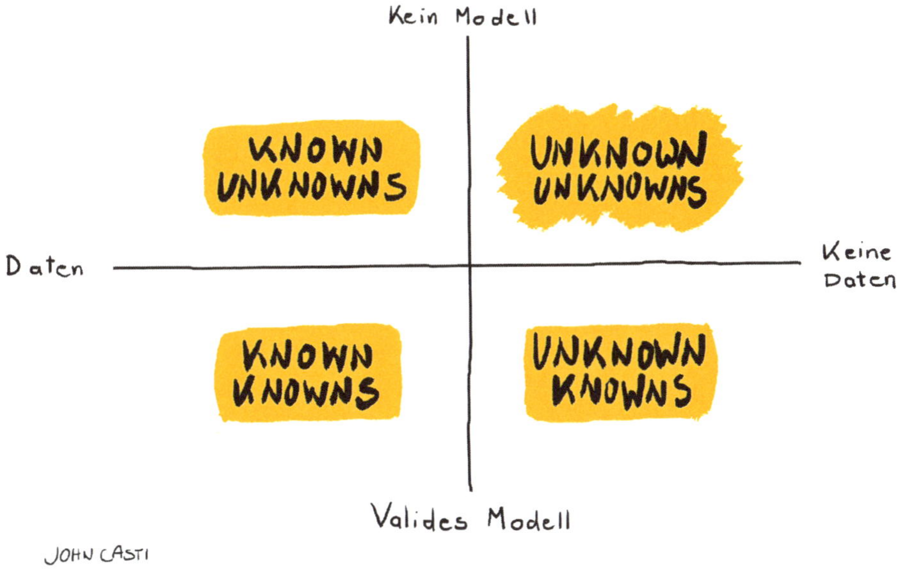

Sie sich die Informationen erschließen. Und selbst dann noch immer nur Teile daraus: Nie kann es gelingen, alles auf einmal zu sehen. So ist es auch in Unternehmen. Überlegen Sie einmal, wie viele Informationen in Ihrem Unternehmen wohl implizit vorhanden sind!

Üblicherweise fehlt uns der Zugang zu diesen Informationen. Wissenschaftler wie der Risikoforscher John Casti[4] sprechen dann von sogenannten »unknown knowns« und »unknown unknowns« (siehe Grafik). Dies ist vorhandenes oder nicht vorhandenes Wissen, von dem wir gar nicht wissen, dass wir es nicht wissen. Die Gedanken und Gefühle anderer, die virtuellen Informationen, die man nie als Ganzes sehen kann, die vielen kleinen Rituale, die Dialoge in den sozialen Medien, die verborgenen Talente. Und eben nicht zu vergessen: die Primings, denen das Unternehmen permanent ausgesetzt ist. Wir Menschen tun uns schwer, diese vierte Dimension zu sehen. Dennoch gelingt es, wenn wir gekonnt beobachten, Einblicke in diese vierte Dimension zu erhalten.

Der wesentliche Unterschied zu den anderen Dimensionen besteht in der Wirkungsweise: Bis zur dritten Dimension können wir managen und gestalten. In der vierten Dimension müssen wir uns auf eine neue Funktion einlassen: das Beobachten. Dies ist die zentrale Aufgabe im

Future Room. Dadurch entdecken Sie die Filter und dahinter die Potenziale. Hier erkennen Sie die im Verborgenen wirkenden Kräfte. Ein gelingendes Beobachten der eigenen Organisation erfordert Methode und ein wenig Übung. Der Future Room bietet Ihnen alles, was Sie dazu brauchen. Um zu starten, müssen wir nur noch eines tun: Ihre Intention klären. Dazu benötigen wir eine, nein, *Ihre* Frage an die Zukunft.

JEDES UNTERNEHMEN HAT SEINE EIGENEN FRAGEN AN DIE ZUKUNFT

Sehr häufig arbeiten Unternehmen mit Zukunftsfragen, die sehr allgemein formuliert sind. Sie lauten in etwa so: »Wird es in Zukunft noch Banken geben?«, oder »Wie viele Berufe werden durch die Digitalisierung verschwinden?« Für öffentliche Diskurse mögen diese Fragen interessant sein. Für Ihr Unternehmen ist diese Art der Verallgemeinerung jedoch wenig hilfreich. Besser ist es, wenn Sie am Anfang eine Frage formulieren, die aus der Sicht Ihres Unternehmens gestellt ist. Das ist weniger leicht, als es klingt. Wir neigen dazu, vom Speziellen ins Allgemeine auszuweichen, weil es einfacher ist, vorformulierte Sätze zu verwenden, statt die eigene Situation zu beschreiben. Es ist ein wenig mühsamer, wenn wir tiefer bohren müssen. Wir weichen so der Frage nach unserer Zukunft aus. Daniel Kahneman schreibt dazu in *Schnelles Denken, langsames Denken*: »Wenn wir mit einer schwierigen Frage konfrontiert sind, beantworten wir stattdessen oftmals eine leichtere, ohne dass wir die Ersetzung bemerken.« Achten Sie also bitte darauf, dass Sie eine Frage stellen, die wirklich aus Ihrer Sicht formuliert ist.

Um Ihnen zu helfen, die eigene Zukunftsfrage zu erkennen, möchte ich Ihnen vier Unternehmen aus unterschiedlichen Branchen vorstellen. Deren Cases werden Sie durch das Buch begleiten. Sie sollen Ihnen behilflich sein, sich im Future Room bestmöglich zurechtzufinden. Dafür arbeiten wir mit exemplarischen Ausschnitten und stellvertretenden Dialogen. Die darin vorkommenden Personen und Unternehmen sind natürlich fiktiv, es gibt nicht einmal eine Ähnlichkeit mit realen Personen. Die Aussagen und Erfahrungen entsprechen jedoch Einblicken in echte Unternehmen.

Diese entstanden in den vielen Future Rooms, die ich mit meinem Team in den letzten Jahren für Unternehmen durchführen durfte. Es sind also fiktive Fälle mit realistischem Inhalt, die Sie an den entscheidenden Fragen und Aufgabenstellungen auf Ihrer Reise in die Zukunft unterstützen sollen. Bei der Zukunftsfrage geht es schon los: Die Zukunftsfrage, mit der Sie den Future Room betreten, sollte eine sehr subjektive Frage sein. Das haben auch die vorgestellten Fälle gemeinsam. Für alle vier hätte es zu Beginn naheliegende, allgemeine Zukunftsfragen gegeben. Lesen Sie nun, wie alle vier ihre individuellen Zukunftsfragen entwickelt haben.

VIER CASES: ZUKUNFTSFRAGEN

DIE TANKSTELLENKETTE

ALLGEMEINE ZUKUNFTSFRAGE: GIBT ES IN ZUKUNFT NOCH TANKSTELLEN?

Die Füße auf dem Tisch, die Hände vor dem Gesicht verschränkt und tief in seinem Bürostuhl versunken, blickt Anton Meier aus dem Fenster seines Büros. Er beobachtet das Treiben draußen auf der Straße: die Fußgänger, die Radfahrer, die Autos. »Autos«, sagt er leise vor sich hin, »wie wird es wohl damit weitergehen?« Herr Meier ist verantwortlicher Geschäftsführer eines mittelständischen Unternehmens mit knapp 300 Mitarbeitern. Das Kerngeschäft: Tankstellen. Plötzlich klopft es an die Tür, und einer seiner führenden Mitarbeiter betritt den Raum. »Anton, was ist passiert? Du siehst so nachdenklich aus. Hab ich etwas verpasst?« »Nein, Markus, noch nicht. Aber schau mal da hinaus. Unser gesamtes Geschäftsmodell baut darauf auf, dass Menschen mit Autos fahren, die mit Diesel oder Benzin betrieben werden. Aber was, wenn das nicht mehr so ist?« Markus Kunz, verantwortlich für das Controlling im Unternehmen, atmet durch. »Und ich dachte schon, es ist etwas Schlimmes passiert. Komm, lass das viele Grübeln. Es läuft doch super.«

»Hm … – okay, du hast ja recht.« Die beiden gehen rasch zum Tagesgeschäft über.

Am nächsten Tag sitzt Anton Meier im Konferenzraum. In wenigen Minuten beginnt die Geschäftsführersitzung. Ihn quält der Gedanke vom vorigen Tag. Er kann seine Emotionen nicht verdrängen und beginnt das Meeting deshalb mit einem düsteren Ausblick: »Liebe Kollegen, mir ist mittlerweile völlig klar: In fünf Jahren wird unser Geschäft bereits leiden, in fünfzehn bis zwanzig Jahren wird es uns so nicht mehr geben. Die Elektromobilität, das Sharing-Verhalten, die Alterung der Gesellschaft und der Wegzug in die Stadt, die Landflucht – wir können nicht mehr so tun, als wäre das alles noch weit, weit entfernt! Wir müssen etwas unternehmen, und zwar jetzt!« Im Raum herrscht überraschte Stille. Mit einem solchen Ausbruch des sonst so besonnenen Geschäftsführers hat niemand gerechnet. Natürlich ist allen klar, dass es die von Anton Meier angesprochenen Entwicklungen gibt. Aber im Moment läuft es doch wirklich prima. Gerade steuert das Unternehmen auf das beste Wirtschaftsergebnis der langen Unternehmensgeschichte zu. Warum nun Trübsal blasen? Einer aus der Runde bricht das Schweigen: »Anton, wir verstehen ja, dass du dir Gedanken über die Zukunft machst. Aber schau mal, wir …« »Nein, ich kann nicht mehr schauen. Ich bin verantwortlich für den Laden. Dreihundert Mitarbeiter, viele Familien, eine regionale Verantwortung. Das alles kann ich nicht einfach vertagen. Wir haben keine Zukunft! Punkt, aus. Das müssen wir akzeptieren. Und zwar besser heute als morgen.« »Aber was heißt das, wir haben keine Zukunft? Was sollen wir denn tun? Resignieren und unsere Köpfe in den Sand stecken? Ich meine …« Wieder unterbricht Anton Meier: »Natürlich nicht. Ihr kennt mich. Aber es nützt nichts, wenn wir ein tolles Ergebnis feiern, ohne die Wahrheit über die Zukunft auszusprechen. Wir müssen uns jetzt damit beschäftigen! Sofort, auf der Stelle! Ich kann nicht mehr einfach zum Tagesgeschäft übergehen!«

Anton Meiers Sorge und Unsicherheit haben sich auf die anderen übertragen. Allen ist nun klar: Die Zukunft steht ab sofort auf der Agenda. Den nächsten Arbeitstag beginnt Anton Meier anders als gewöhnlich. Er startet damit, alles zu sammeln, was er in den Medien über die Zukunft der Mobilität erfahren kann. Er schaut sich Branchenreports an und stolpert auch über Videos von Vorträgen zu dem Thema. Nach einem halben Tag intensiver Recherche trommelt er sein Geschäftsführerteam zusammen. Was folgt, ist ein Appell: »So, wie wir jetzt aufgestellt sind, haben wir keine Zukunft, das ist klar. Aber wir sind nicht hilflos. Ich möchte herausfinden, welche Kunden wir in Zukunft haben können und was diese von uns wollen. Und: Ich möchte wissen, wer wir in ein paar Jahren sind und was wir dann tun. Lasst uns an der Zukunft arbeiten!«

INDIVIDUELLE ZUKUNFTSFRAGE: WELCHE KUNDEN KÖNNEN WIR IN ZUKUNFT ANSPRECHEN, UND WAS IST UNSERE ROLLE?

DAS IMMOBILIENBÜRO

ALLGEMEINE ZUKUNFTSFRAGE: ALLES WIRD IMMER SCHNELLER, ABER WAS WILL DER MARKT?

»Thomas, wann können wir uns treffen? Ich habe hier gefühlte fünfundzwanzig Projekte in der Pipeline, zu denen ich Entscheidungen brauche. Aber dazu brauche ich dich, sonst machen wir wieder alles doppelt.« Frau Lang hört kurz zu, bevor sie mit einem enttäuschten »Okay, tschüss« auflegt. Ihr gegenüber sitzt ihre Assistentin, die diese Szene gut kennt. Margarete Lang ist Innovationsmanagerin eines Immobilienunternehmens in Berlin. Sie versucht nun schon seit Tagen, einen Termin mit ihrem Chef zu vereinbaren. Der ist allerdings kaum mehr zu greifen. Es ist einfach zu viel geworden. Das Unternehmen betreut so viele Projekte parallel wie noch nie zuvor. Und es gibt unglaublich viele neue Ideen. Aber diese Ideen stauen sich auf. »Früher hatten wir echt viel mehr Qualität da drin, dieser dauernde Stress ist ja kaum mehr auszuhalten. Ich weiß gar nicht, was ich tun soll.« Die Assistentin von Frau Lang versucht zu beschwichtigen: »Vielleicht müssen wir einfach mal ein paar Sachen loslassen. Wenn eh niemand Zeit hat!« Diese Feststellung gefällt Frau Lang gar nicht. »Nora, das ist ja ein schöner Gedanke. Aber schau, es ist ja nicht nur, dass wir viel machen. Wir lassen schon jetzt viel liegen. Und ich hab echt Sorge, dass wir nicht mehr schnell genug sind. Und die Ideen, die jetzt auf dem Tisch liegen, sind die wirklich gut? Kommen wir da voran? Wie viele dieser Innovationen brauchen wir denn eigentlich?«

Ein paar Tage später kommt es endlich zu dem ersehnten Meeting. Margarete Lang und ihr Chef treffen sich, zwei weitere Kollegen sind dabei. »Thomas, das dauert einfach zu lange, bis wir uns sehen«, beginnt sie. Thomas Fährmann zuckt hilflos mit den Schultern. »Ich weiß, ich weiß! Aber was soll ich machen? Ich komme schon bei meinen täglichen Aufgaben kaum noch hinterher. Andererseits sind die Projekte, die wir gerade haben, auch supertoll. Ich meine, schau dir nur dieses Wohn&Work an, das ist doch echt gelungen. Total innovativ, wir sind die Ersten am Markt!« »Das stimmt schon. Aber erinnere dich: Um das zu entwickeln, hatten wir Zeit, und wir beide haben mit dem Architekten und dem Bauingenieur direkt gearbeitet. Die Kreativphase war supercool, und wir hatten alle dasselbe Bild. Jetzt brauchen wir Wochen, um ein Treffen zu organisieren. Geschweige denn, dass wir da noch gute Ideen generieren. Wir verlieren den Anschluss an die Trends.« Nachdenkliche Stille setzt ein – bis plötzlich einer der Kollegen einen Vorschlag macht: »Müssen wir vielleicht mit neuen Methoden arbeiten? Wie wäre es mit Design Thinking? Es gibt jetzt sogar eigene Ausbildungen für Design Thinking Culture. Wäre das nicht was für uns?« Thomas Fährmann stimmt zu: »Das klingt doch gut! Wir müssen strukturell – methodisch – ran.« An der Art, wie er das sagt, merkt Margarete Lang sofort, dass ihr Chef nur Zeit gewinnen will. Dennoch nimmt sie den Ball auf. »Okay, methodisch. Strukturell. Fein, ich überlege mir was. Design Thinking ist ein schönes Tool, aber ich glaube nicht, dass es uns erlöst. Die – wie du sagst – strukturelle Frage ist ja eigentlich: Wie viel Innovation können und brauchen wir überhaupt? Was wollen wir bei all dem Wachstum aushalten, und was lassen wir bleiben? Aber ich habe verstanden: Heute kommen wir nicht mehr weiter. Ich denke mal drüber nach! Lasst uns jetzt in die Projekte einsteigen.« Damit geht das Treffen in die Arbeitsphase über – aber die Zukunftsfrage steht im Raum.

INDIVIDUELLE ZUKUNFTSFRAGE: WIE VIEL INNOVATION BRAUCHEN WIR ÜBERHAUPT?

▷

DAS MEDIZINTECHNIKUNTERNEHMEN

ALLGEMEINE ZUKUNFTSFRAGE: WIE SCHAFFEN WIR DIE DIGITALE TRANSFORMATION?

Martin Albrecht, IT-Leiter eines mittelständischen Unternehmens im Bereich Medizintechnik, arbeitet im Open-Space-Office an seinem Laptop. Konzentriert macht er sich über ein paar technische Bugs her. Plötzlich spricht ihn jemand ohne Vorwarnung an: »Neulich habe ich ein Video davon gesehen, wie ein Roboter eine Weintraube aufschneidet und gleich darauf wieder sauber vernäht. Eine Weintraube! Kannst du dir das vorstellen?« Erschrocken und verärgert zugleich blickt Martin auf. Aber bevor er seinem Ärger Luft machen kann, legt Stefan Weiß nach: »Ziemlich beeindruckend, oder? Und das ist nicht das Einzige. Google kann dabei helfen, die Ausbreitung von Krankheiten vorherzusagen, und Start-ups arbeiten an Wearables, die dir sagen können, ob ein Herzinfarkt bevorsteht. Weißt du, diese ganze Geschichte mit der Digitalisierung eröffnet hier ganz neue Möglichkeiten. Wenn jetzt sogar Tech-Companies wie Google oder Apple in den Gesundheitssektor einsteigen, sollten wir uns da nicht ein paar Gedanken mehr machen?« Stephan Weiß ist eines der Talente des Unternehmens. In der Hierarchie ist er noch ein unbeschriebenes Blatt. Aber er ist für den Mittelständler sehr wichtig geworden, weil er immer wieder neue Impulse und Ideen hineinbringt. Einige davon haben schon zu wichtigen Produktverbesserungen geführt.

Dennoch, Martin Albrecht kann und will dieses Mal nicht in den Dialog einsteigen. Er hat hier gerade ganz andere Themen am Start. »Hm«, macht er nur, »ich denke nicht, dass die das so einfach hinbekommen, zumindest in unserem Business. Schließlich hat unsere Firma Jahrzehnte Erfahrung in der Medizintechnik. Das kann man nicht von heute auf morgen aufholen.« »Dieses Lied kenne ich schon. Aber es geht doch darum, dass wir so viele Möglichkeiten verschlafen, wenn wir uns immer nur auf unserer Erfahrung ausruhen.« Mit den letzten Worten dreht sich Stefan auch schon um und lässt Martin Albrecht allein zurück.

Zwei Tage später sitzt Stefan Weiß im Büro seiner Abteilungsleiterin Manuela Kainz. Er erzählt ihr von Start-ups, Big Data und Roboter-Ärzten

und all den Möglichkeiten, die diese Technologien für das Unternehmen mit sich bringen können. »Ich persönlich finde es ja sehr gut, dass du dich so für diese Themen interessierst. Und ich stimme dir auch zu, dass die Digitalisierung große Möglichkeiten für uns bereithalten könnte. Aber das ist nicht einfach: Wie fängt man das an, wo hört man auf? Und dazu kommt noch die Angst, die viele haben: Werden dann letztlich Jobs durch Roboter ersetzt? Das ist auch eine firmenpolitische Geschichte, verstehst du?« Stefan hält seine Emotionen zurück und nickt. Mit gezwungener Ruhe antwortet er: »Ich möchte ja auch nicht gleich die komplette Firmenstruktur umkrempeln. Ich bin nur überzeugt, dass wir uns näher mit dem Thema beschäftigen sollten, und dann sehen wir ja, was herauskommt. Die Augen zu schließen ist halt auch keine Lösung.« Manuela Kainz überlegt. Immerhin ist Stefan eines ihrer Supertalente. Sie will ihn nicht verlieren und weiß auch, dass er im Grunde völlig recht hat. Außerdem würde dem Unternehmen ein bisschen mehr Zukunftsperspektive guttun. Deshalb erwidert sie: »Nun gut, wie würdest du die Sache angehen?«
INDIVIDUELLE ZUKUNFTSFRAGE: WAS BEDEUTET TECHNISCHER FORTSCHRITT FÜR UNS?

DAS TELEKOMMUNIKATIONSUNTERNEHMEN

ALLGEMEINE ZUKUNFTSFRAGE: WAS SIND DIE TRENDS DER ZUKUNFT?

Mit energischen Schritten betritt Daniel Gänzler das Büro von Sven Jost und knallt ihm einen Stapel Papier auf den Schreibtisch. »Endlich ist es so weit«, ruft Daniel mit einem triumphierenden Grinsen, »das Werk ist vollbracht!« Erst auf den zweiten Blick erkennt Sven, was er da vor sich liegen hat. »Die Zukunft der Telekommunikation« steht auf dem Deckblatt geschrieben. Es ist der Trendreport, den er vor einem Jahr angestoßen hat. Damals konnte er im Vorstand durchsetzen, dass Einsichten in Zukunftstrends fester Bestandteil der strategischen Entwicklung sein müssten, um die Weichen für die langfristigen Entwicklungen des Unternehmens stellen zu können. Die Liste der Themen reicht von Breitbandinternet bis hin zu Drohnenabwehr-Systemen. Um all die Trends detailliert zu durchleuchten, wurde ein Trend-Team gegründet, und es wurden externe Research-Büros engagiert. Sie alle stellten Recherchen an und gaben Einschätzungen ab. Mit der Zeit wurde die Liste der Trends immer länger. Doch heute liegt der vollständige Bericht endlich vor – mit über 300 Seiten zu 183 Trends in der Branche. »Wir haben das Kapitel zu ›Machine Learning‹ noch mal überarbeiten lassen, aber jetzt ist alles fertig. Ist ein ganz schöner Wälzer geworden! Damit sollten wir gewappnet sein für die Zukunft, was meinst du?«

Sven Jost, Head of Strategy, ist es gewohnt, mit geballtem Wissen umzugehen. Tatsächlich ist die schiere Menge an Information, die er schon beim Durchblättern des Reports wahrnimmt, überwältigend. Sie überrascht ihn auch nicht, schließlich hat er die Entwicklung des Reports in ständiger Abstimmung mit Daniel überwacht. Trotzdem: Im ersten Impuls verspürt er jetzt nicht die Sicherheit, die er sich erhofft hat. »Gute Arbeit«, sagt er und lehnt sich mit einem leisen Seufzen zurück. Daniels Lächeln verblasst. Er weiß, dass das nicht das letzte Wort war. »Du wirkst aber nicht besonders glücklich über das Ergebnis.« Nach kurzem Überlegen steht Sven auf und beginnt, auf und ab durchs Zimmer zu gehen. Für Daniel ein untrügliches Zeichen dafür, dass Sven gerade überlegt, wie er eine unerfreuliche Nachricht formulieren soll. »Ich habe ehrlich gesagt das Gefühl, dass diese unglaubliche Menge an Information noch nicht das Ende ist. Nach dieser Lektüre werde ich vermutlich mehr über Zukunftstechnologien wissen als unsere besten Ingenieure. Aber ich glaube nicht, dass wir mit diesem Wissen schon in der Lage sein werden, strategische Entscheidungen treffen zu können.« »Und das fällt dir jetzt ein?«, fragt Daniel sichtlich konsterniert. »Natürlich wird es mit etwas Arbeit verbunden sein, diese ganzen Informationen zu sortieren und entsprechende Schlüsse daraus zu ziehen. Aber zumindest haben wir jetzt jede Menge Informationen, die wir sortieren können.« »Ich weiß, ich weiß. Ich möchte auch nicht sagen, dass die gemachte Arbeit falsch ist«, gibt Sven zurück. Wieder geht er einige Meter auf und ab. »Aber wie lernen wir, den Wert der Information, der vor uns liegt, für unser Unternehmen richtig einzuschätzen? Ich habe den Eindruck, wir brauchen da noch mal Unterstützung. Ich möchte, dass die Erkenntnisse für uns auch wirklich zu Business-Optionen führen. Lass uns doch mal überlegen, wie wir das schaffen!«

INDIVIDUELLE ZUKUNFTSFRAGE: WIE ERKENNEN UND ÜBERSETZEN WIR RELEVANTE TRENDS FÜR UNSER BUSINESS?

IHRE EIGENE FRAGE AN DIE ZUKUNFT

Sie haben an den vier Cases gesehen: Es gibt keinen streng geregelten Prozess für die Entwicklung Ihrer Zukunftsfrage. Die Frage entsteht im Gespräch, in der Diskussion, und in einem Prozess, der sich über einen kürzeren oder längeren Zeitraum erstrecken kann. Nur auf eine Sache kommt es dabei wirklich immer zwingend an: dass Sie keine allgemeine Frage erarbeiten, sondern ihre eigene. Es ist eine Leitfrage für die Arbeit im Future Room, die Frage, mit der Sie den Future Room betreten.

Diese Frage kann sich auch noch stark wandeln, während Sie sich im Future Room aufhalten. Daher ist es gar nicht so wichtig, dass Sie vor dem Betreten des Future Rooms die perfekte Frage finden. Allerdings sollte die Frage so formuliert sein, dass sie Ihre subjektive Situation beschreibt. Am Ende, bevor Sie den Future Room verlassen werden, werden Sie die Frage mit Ihren Ergebnissen abgleichen. Sehr wahrscheinlich werden Sie dann die Antworten auf die Frage gefunden haben. Es kann aber auch geschehen, dass die Ergebnisse aus dem Future Room zu einer Veränderung der Frage führen. Das ist kein Problem, denn die Konsequenzen sind das entscheidende Ergebnis des Future Rooms, auf sie kommt es an. Sie erkennen dann einfach eine neue, dringlichere und wichtigere Zukunftsfrage, die zu den von Ihnen entwickelten Konsequenzen passt und die Sie daher bereits beantwortet haben.

Ihre individuelle Zukunftsfrage ist der Schlüssel, der Ihnen den Future Room eröffnet. Sie selbst schmieden diesen Schlüssel – jede von Ihnen entwickelte individuelle Frage ist ein taugliches Instrument. Überlegen Sie nun: Mit welcher Zukunftsfrage wollen Sie den Future Room betreten?

Ihre Zukunftsfrage: Was erwarten meine Kunden in Zukunft von mir? und wie kann ich diese Erwartungen erfüllen?

▷ ▷ **SET**

Kapitel 3

▷▷ Blick in den Raum

WAS SIE SEHEN, SOBALD SIE DIE TÜR ZUM FUTURE ROOM GEÖFFNET HABEN

Mit Ihrer individuellen Zukunftsfrage haben Sie die Tür zum Future Room geöffnet. Lassen Sie uns, bevor Sie ihn betreten, gemeinsam einen Blick hineinwerfen. Ich möchte Ihnen kurz zeigen, wie der Raum im Inneren aussieht, und Ihnen sagen, was Sie darin erwartet.

Der Future Room ist, wie schon erwähnt, eine Methode, ein Denk- und Gestaltungsraum. Er ist kein realer Raum. Und dennoch ist er nicht undefiniert: Ich habe Bilder dieses Raums entwickelt. Sie helfen, die Methode zu verstehen. Schauen wir also hinein: Den Raum können Sie sich, wie im ersten Kapitel bereits gezeigt, kugelförmig vorstellen. In seinem Zentrum befindet sich eine Kontrollzentrale. Von dort aus steuern Sie, alleine oder im Team, mittels fünf Knöpfen Ihre Zukunftsbeobachtungen. Die Wände des Raums werden durch holografische Screens, kurz Holo-Screens, gebildet. Diese füllen sich im Laufe der Arbeit im Future Room mit Informationen und Bildern über Ihr Unternehmen. Mit den ersten drei Knöpfen der Kommandozentrale entwickeln Sie Gedanken über die Zukunft, die auf den Holo-Screens als Zukunftsbilder angezeigt werden. Mit einem weiteren Knopf der Kommandozentrale werden die in den Gedanken enthaltenen Informationen weiterverarbeitet, indem sie in einer bestimmten Struktur neu geordnet und ausgewertet werden. Das Ergebnis ist ein Big Picture, in dem Sie zentrale Erkenntnisse über

Ihre Potenziale und verborgenen Wirkkräfte entdecken können. Wenn Sie den letzten Knopf der Kommandozentrale drücken, werden die Konsequenzen aus dem Big Picture sichtbar. Damit kann Ihr Unternehmen die richtigen Schritte in die Zukunft gehen.

DIE TECHNIK DES FUTURE ROOMS

Ein kurzer Hinweis auf die Grundlagen des Future Rooms erscheint mir hier angebracht. Wir haben den Future Room im Zukunftsinstitut konstruiert, aber die Bauteile dafür stammen auch aus anderen Theorieschmieden. Der Future Room benötigte eine ausreichend komplexe Grundlage. Die vierte Dimension lässt sich nicht leicht abbilden. Nachdem ich viele gängige Modelle und Theorien erforscht und verworfen hatte, wurde ich fündig: Das theoretische Fundament, das wir für das Erzeugen des Big Pictures verwenden, stammt aus der Systemtheorie, genauer gesagt der Formtheorie. Stark inspiriert hat mich dabei ein Modell des Soziologen Dirk Baecker. Er nennt es »Form of the Firm«.[5] Dieses Modell in der Tiefe auszuführen würde das Buch überfrachten. Theorieinteressierten ist aber unbedingt zu empfehlen, sich damit zu beschäftigen. Doch keine Sorge: Für die Benutzung des Future Rooms ist dies nicht nötig – wie Sie ein Auto auch fahren können, ohne Mechaniker sein zu müssen.

WIE DAS BIG PICTURE STRUKTURIERT IST

Das Big Picture ist in sieben Spaces segmentiert. Jeder dieser Spaces beschreibt einen Bereich Ihres Unternehmens. Durch die geschachtelte Anordnung hat jeder Space seine natürliche Umwelt. Von dieser unterscheidet er sich klar, und doch gibt es gleichzeitig eine zwingende Verbindung.

Der erste Space nennt sich »Produkt«, und dessen natürliche Umwelt bildet der Space »Verfahren und Technologie«. Denn die Verfahren sind es, innerhalb derer ein Unternehmen die Produkte erzeugt. Die Unterscheidung ist klar, die gegenseitige Bedingung auch. Ohne Verfahren kein Produkt. Der nächste Space, der sich noch innerhalb des Unternehmens befindet, lautet »Organisation«. Außerhalb des Unternehmens finden wir »Markt« und »Wirtschaft«. Darauf folgt ein für Zukunftsfragen wesentlicher Space: die »Gesellschaft«. Jegliches Wirken eines Unternehmens findet nämlich im Rahmen einer Gesellschaft statt, die immer das Handeln des Unternehmens beeinflusst. Auch die großen Trends haben ihre Wurzeln in der Gesellschaft. Deshalb ist es hilfreich, dass Sie diesen großen Space für Ihr Unternehmen mitdenken können. Oft höre ich Aussagen wie: »die Veränderungen da draußen«. Sie machen den Eindruck, als würde das eigene Unternehmen nicht Teil der Gesellschaft sein. Das ist jedoch nicht der Fall: Gesellschaftliche Entwicklungen beeinflussen jedes Unternehmen, direkt und indirekt. Ein »da draußen« gibt es nicht. Im Big Picture lösen Sie diese Trennung auf.

Der letzte und äußerste Space lautet »Mensch«, denn Menschen bilden die Basis einer jeden Gesellschaft. Das Bild, das ein Unternehmen vom Menschen hat, ist extrem wirkungsvoll. Es gibt Unternehmen, die gar kein Bild vom Menschen haben. Dies weist häufig auf ein großes, funktionsgetriebenes Unternehmen hin. Einmal durfte ich ein Unternehmen beraten, das mir folgende Frage stellte: »Wir beschäftigen uns seit Jahren mit der Lebensstil-Forschung und haben dafür eine eigene Abteilung im Haus. Aber irgendwie führen die gewonnenen Erkenntnisse zu keinem signifikanten Ergebnis.« Im Future Room wurde klar, dass es sich um ein Unternehmen handelte, das kein Bild vom Menschen verankert hatte. Das Unternehmen versuchte also, über die Lebensstil-Forschung etwas zu vermessen, wovon es kein implizites Verständnis hatte. Es verstand zwar funktional, wie Menschen leben, wann sie einkaufen, wie sie sich entscheiden. Doch ohne inneres Bild des Menschen gab es in dem Unternehmen kein tief begründetes Verständnis des eigenen Handelns. Es ist offensichtlich, dass der Output dann schwach ist.

Andere Unternehmen haben dagegen ein ganz bestimmtes Bild vom Menschen. Dies zeigt sich in Aussagen wie: »Menschen haben immer Angst vor der Zukunft« oder: »Die Beziehung zu anderen kann nie besser sein als die Beziehung zu uns selbst.« Ob das stimmt oder nicht, ist dabei nicht wichtig. Denn Aussagen wie die genannten zeigen ein besonderes Menschenbild und wirken schon durch ihre Grundsätzlichkeit auf die anderen Spaces. Ob Produktidee, Organisationsbild oder Markenversprechen: Viel davon stammt letztlich aus dem unbewussten Bild, das ein Unternehmen vom Menschen hat.

Die folgende Grafik zeigt die Hierarchie der Spaces. Im Detail können wir die Spaces eines Unternehmens folgendermaßen definieren:

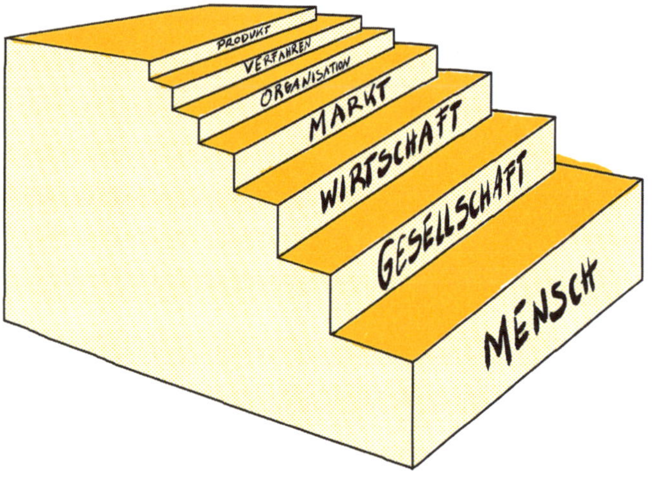

Produkt: Alles, was Ihr Unternehmen als Produkt oder Service, materiell oder immateriell, verkauft. Was bieten Sie an?
Verfahren: Die Art und Weise, Ihre Produkte zu erzeugen. Wie und womit arbeiten Sie?
Organisation: Die Struktur, die das Entscheidungsverhalten Ihres Unternehmens formell und informell organisiert. Wie zum Beispiel: Hierarchie, Kultur, Team, Units, Verantwortungsbereiche und Prozess-Design, ebenso wie Identität, Stil, Atmosphäre oder Branding. Aber auch Aussagen von führenden Menschen im Unternehmen. Wie entwickeln sich Ihre Entscheidungen? Wie managen Sie?
Markt: Ihre Kunden, Resonanzgruppen und potenziell neue Märkte. Wer sind Ihre Kunden? Welche Bedürfnisse erkennen oder wecken Sie?
Wirtschaft: Die Wirtschaft als Ganzes, in der Ihr Unternehmen verankert ist. Wie sind Ihre wirtschaftlichen Bedingungen?
Gesellschaft: Die Gesellschaft, in der Ihr Unternehmen angesiedelt ist. Wo und wie leben und arbeiten Sie?

Mensch: Hier geht es um den Menschen: Wie Sie den Menschen beschreiben, was ihn aus Ihrer Sicht bewegt. Was bedeutet für Sie »Mensch sein«?

DIE ARBEITSPHASEN IM DETAIL

Phase 1: Sie entwickeln Gedanken über die Zukunft.

In der Phase 1 des Future Rooms bedienen Sie das erste Mal aktiv das Kontrollboard und drücken die Knöpfe 1 bis 3. Die Knöpfe führen dazu, dass Sie Gedanken über die Zukunft entwickeln und festhalten. Jeder Knopf löst hierzu einen Prozess aus:

- Knopf 1: Sie antworten auf relevante Fragen zu Gegenwart und Zukunft.
- Knopf 2: Sie entwickeln Wildcards für Ihr Unternehmen.
- Knopf 3: Mittels vorgedachter Zukunftsthesen erweitern Sie Ihr Denken.

Die entstehenden Gedanken halten Sie in den Holo-Screens fest, Sie ergeben Ihre Zukunftsbilder. Mit jedem Knopf füllt sich also einer der Holo-Screens im Future Room und zeigt ein aus Ihren Gedanken entwickeltes Zukunftsbild. Diese Bilder sind die Basis für das sich später ergebende Big Picture (Phase 2). Um die grundlegenden Gedanken in Phase 1 zu entwickeln, führen Sie eine Art »Dialog mit der Zukunft«. Dafür gibt es verschiedene Varianten:

- Variante 1: Sie betreten den Future Room als Team aus Menschen, die im Unternehmen tätig sind. Unter Ihnen findet dann ein Dialog und Austausch statt. Auch in den vier Beispielen, die das Buch begleiten, haben jeweils Teams im Future Room an ihrer Zukunft gearbeitet.
- Variante 2: Sie betreten den Future Room mit einem Sparringspartner, der von außerhalb der Organisation kommt. Ein vertrauter Mensch, der Sie begleitet und den Dialog mit Ihnen führt.

Auch dies ist dann ein Dialog, den Sie als Basis für Ihre Gedanken heranziehen können.

- Variante 3: Sie betreten den Future Room alleine. Dies erfordert, dass Sie einen »inneren Dialog« führen. Dafür achten Sie also sehr auf Ihre Gedanken, und Sie halten diese fest.

Phase 2: Ihr Big Picture entsteht.

In der Phase 2 betätigen Sie den vierten Knopf auf dem Kontrollboard. Dieser sortiert Ihre Gedanken neu, indem er sie auf die bereits beschriebenen Spaces im Big Picture anwendet.

- Knopf 4: Mit Hilfe eines Translators, also eines Werkzeugs für die Übersetzung, übertragen Sie Ihre Gedanken zur Zukunft aus den Holo-Screens in die Spaces des Big Pictures.

Das Big Picture bietet Ihnen eine neue, sehr vielschichtige Sicht auf Ihr Unternehmen. Sie können nun Ihr Unternehmen betrachten, wie es sonst nur jemand Außenstehender kann. Dadurch erhalten Sie fundamental neue Perspektiven auf Ihr Unternehmen. Es entsteht Überblick, und Sie arbeiten am – statt im – Unternehmen.

Phase 3: Sie sehen die Konsequenzen – die Zukunft kann beginnen!

Die abschließende Phase eröffnet Ihnen Konsequenzen, aus denen Sie die nächsten Schritte in Ihre Zukunft ableiten.

- Knopf 5: Sie nutzen einen weiteren Translator und lernen, im Big Picture zu »lesen«.

Dabei erkennen Sie blinde sowie sehr dicht gefüllte, überbelichtete Flecken im Big Picture. Auch Schwerpunkte und Themencluster werden offensicht-

▷▷

lich. Ferner finden Sie emotionale Ausprägungen und förderliche wie auch hinderliche Gedankenstrukturen. Das bedeutet: Sie entdecken die verborgenen Kräfte Ihres Unternehmens. Daraus ziehen Sie sodann Konsequenzen für Ihre nächsten Schritte in die Zukunft.

Zum Abschluss gleichen Sie die entstandenen Konsequenzen mit Ihrer Eingangsfrage, der ursprünglichen Intention, ab. Anschließend verlassen Sie den Future Room. Nun liegt es an Ihnen, die entwickelten Konsequenzen in Ihren Alltag zu übersetzen. Für die ersten Schritte danach erhalten Sie allerdings noch im Future Room eine kurze Empfehlung.

Nach dem Verlassen des Future Rooms geht es also in die Umsetzung: Jetzt haben Sie Ihre Zukunft in der Hand!

▷▷▷ GO!

Kapitel 4

▷▷▷ Der Dialog mit der Zukunft

Kommen Sie herein in den Future Room und machen Sie es sich bequem! Ihre Kommandozentrale ist bereit für Sie. Mit Hilfe der Knöpfe 1 bis 3 auf Ihrem persönlichen Kommandoboard werden Sie nun Ihre eigenen Bilder und Gedanken zur Zukunft erzeugen. Die Knöpfe regen Sie zu einem Dialog mit der Zukunft an. Dabei stoßen Sie auf Gedanken, die in Ihnen neu entstehen oder in Ihnen freigelegt werden. Diese Gedanken können Sie dann auf den jeweiligen Holo-Screens ablegen.

Das Verfahren ist unkompliziert: Wenn Sie im Team oder mit einem Sparringspartner arbeiten, führen Sie einfach ein Gespräch und notieren die ausgetauschten Gedanken aus Ihrem Dialog. Jeden Gedanken für sich einzeln als Satz und möglichst so, wie er ausgesprochen wurde. Generell können Sie dafür auch die Sprachmemo-Funktion eines Smartphones benutzen, um das Gespräch sehr frei zu führen. Die Übertragung der Gedanken führen Sie dann im Nachhinein durch. An einer Stelle empfehle ich Ihnen dies sogar ausdrücklich. Dazu später mehr.

Wenn Sie allein arbeiten, führen Sie einen inneren Dialog und notieren sich die Gedanken, die währenddessen entstehen. Sie denken also in Ruhe über die jeweiligen Fragestellungen nach. Formulieren Sie jeden Gedanken einzeln und in einem möglichst kurzen Satz. Beim Notieren der Gedanken brauchen Sie keiner Logik oder Regel zu folgen: Schreiben Sie einfach nieder, was auch immer Ihre Aufmerksamkeit erhält. Hören Sie dabei nicht zu früh auf: Oft geben wir uns mit den ersten Gedanken, die in uns brodeln, zufrieden. Wahre Schätze liegen dahinter. Nehmen Sie sich also für jeden Knopf ausführlich Zeit.

Die entstandenen Sätze werden Sie später wieder verwenden. Durch die Knöpfe 1 bis 3 produzieren Sie den Rohstoff, mit dem Sie hinterher an Ihrem Big Picture arbeiten können. Es ist hilfreich, wenn Sie eher mehr als weniger Gedanken auf das Papier bringen.

Auch die vier Unternehmen mit ihren Zukunftsfragen, denen Sie vor dem Eingang zum Future Room bereits begegnet sind, begleiten Sie bei den jeweiligen Übungen. Dadurch können Sie stets sehen, wie das Verfahren im Future Room in der Praxis aussehen kann. Zwischendurch werde ich Ihnen auch immer wieder Erläuterungen zur Methode und den Hintergründen geben. Jetzt aber sollten Sie einfach loslegen.

KNOPF 1: IHRE ZUKUNFTSBILDER

ES GEHT LOS! BITTE DRÜCKEN SIE KNOPF 1.

Sie beginnen nun direkt damit, zwei Fragen zu beantworten. Diese sollen Sie möglichst frei und unbeeinflusst beantworten können, deswegen erläutere ich Ihnen erst im Anschluss, was es damit eigentlich auf sich hat.

Vergegenwärtigen Sie sich bitte Ihre bereits entwickelte Zukunftsfrage. Nun nehmen Sie sich einen Augenblick Zeit und überlegen Sie in Bezug auf Ihre Zukunftsfrage: Was beschäftigt Sie heute in Ihrem Alltag am meisten? Formulieren Sie mindestens fünf Gedanken, die dazu in Ihnen entstehen, und füllen Sie den Holo-Screen mit diesen Gedanken.

Ein Hinweis für die Arbeit im Team: Diese Frage sollte zunächst jeder für sich beantworten und seine Gedanken dazu formulieren. Danach kann gerne ein Austausch über diese Gedanken stattfinden. Wenn dabei weitere, noch nicht genannte Gedanken entstehen, notieren Sie diese bitte ebenfalls. Sammeln Sie jede einzelne Aussage.

Holo-Screen zu Knopf 1: Was beschäftigt uns/ mich heute in unserem/meinem Alltag am meisten?

Gedanke 1: Wie komme ich selbstständig zu Unternehmer

Gedanke 2: Was sind die Motive meiner Kunden

Gedanke 3: Welche Produkte/Dienstleistungen brauche

Gedanke 4: Welches know how bei mir bzw Netzwerk

Gedanke 5: Eigen oder GT / Eigen und GT

Nun, nachdem Sie sich mit Ihrer Gegenwart auseinandergesetzt haben, überlegen Sie wieder in Bezug auf Ihre Zukunftsfrage: Was wird Sie wohl in zehn bis fünfzehn Jahren am meisten beschäftigen? Dabei achten Sie nicht darauf, ob Ihnen etwas »Kluges« einfällt. Es geht hier um ein Gefühl, eine Ahnung, die Sie formulieren. Die Antwort auf diese Frage können Sie nicht »wissen«. Lassen Sie sich also von Ihrem Bauchgefühl leiten.

Ein Hinweis für die Arbeit im Team: Auch diese Frage sollte erst mal jeder für sich beantworten und seine Gedanken dazu formulieren. Danach kann wieder ein Austausch darüber stattfinden. Sammeln Sie jede einzelne Aussage.

Holo-Screen zu Knopf 1: Was wird uns/mich wohl in zehn bis fünfzehn Jahren am meisten beschäftigen?

Gedanke 1: Gesundheit

Gedanke 2: Gelassenheit

Gedanke 3: Zufriedenheit

Gedanke 4: Weitergabe von Erfahrungen

Gedanke 5: Offenheit

alles immer zustande

wenig im Außen / von Innen nach Außen

Was Ihre Zukunftsbilder erzählen

Der erste Schritt im Future Room ist damit gemacht. Sie haben Ihren Alltag beschrieben und gleichzeitig eine Ahnung über die Zukunft formuliert. Dabei ist es nicht so wichtig, ob Sie recht haben oder nicht. Die Zukunft kann niemand wirklich vorhersehen. Es ist aber gut, wenn wir verstehen, welche Zukunftsbilder uns leiten.

Zukunftsbilder sind Leitbilder, die wir uns zurechtlegen, um uns die Welt und ihre Entwicklungen zu erklären. Jede Entscheidung, die

Sie treffen, ist von diesen Zukunftsbildern geprägt. Egal ob privat oder beruflich.

In den ersten Fragen haben Sie deshalb Antworten zu der Gegenwart und der Zukunft gegeben. Im Spiegel der Antworten werden Ihre Zukunftsbilder das erste Mal sichtbar. Diesen einfachen Zugang habe ich entwickelt, da die meisten Menschen – unabhängig von ihrer Position in einem Unternehmen – die eigenen Zukunftsbilder gar nicht so deutlich vor Augen haben. Dies ist auch nur allzu verständlich, wenn man die Komplexität des Alltags bedenkt, der Menschen mit Verantwortung in Unternehmen ausgesetzt sind. Da kommt man kaum zur Ruhe, um zu überlegen: »Welche Bilder von der Zukunft habe ich überhaupt?«

Daher können Sie nun, in aller Ruhe, Ihre Antworten nach Zukunftsbildern durchsuchen. Damit Sie einen noch besseren Eindruck erhalten, was Ihr Zukunftsbild sein könnte, möchte ich Ihnen ein paar der Zukunftsbilder, die ich immer wieder in den Future Rooms erlebe und die typisch sind, gerne vorstellen. Vielleicht kommt Ihnen das eine oder andere bekannt vor. Lehnen Sie sich in Ihrer Kommandozentrale einfach zurück und beobachten Sie: In welchen dieser Zukunftsbilder finden Sie sich wieder?

Zukunftsbild: So wie heute, nur mehr davon

Komplexität meiden wir. Unser Kopf verwechselt komplex ständig mit kompliziert. Und in der Tat: Komplexe Gebilde sind nicht einfach zu verstehen, da viele Einzelakteure sich gleichzeitig scheinbar völlig frei und zusammenhangslos bewegen. Man denke nur an den Ameisenhaufen. In der Wirtschaft ist dies auch so. Der Markt, die Kunden, die Konkurrenz, die Politik: Überall steckt Zündstoff für Wandel. Umso mehr, als die Konnektivität unsere Gesellschaft noch komplexer macht. Selbst Wissenschaftlern fällt es nicht mehr leicht, die Vernetzung der Welt auch in die Zukunft weiterzudenken. Daher ist es übliche Praxis, die Zukunft als Fortschreibung der Gegenwart zu betrachten. Man nimmt ein Element der Gegenwart und schreibt es in die Zukunft fort. Das Ergebnis: Linearität. Wir glauben dann, dass die Zukunft so ist wie heute, nur intensiver. Ein

Beispiel aus einem Future Room: »In Zukunft, da werden wir nicht mehr nur Kundenbeschwerden am Telefon abarbeiten. Nein, ich bin sicher, die Kunden erwarten dann, dass wir schon VORHER wissen, welches Problem sie haben.« Diese Aussage stammte von einer Verantwortlichen für Customer Care eines großen Gastronomie-Unternehmens. Die gute Nachricht ist: So linear verläuft Zukunft nicht. Sie entfaltet sich in Zyklen, Kaskaden und komplexen Abläufen. Das zu denken und zu empfinden fällt allen schwer, selbst den Profis. Wir sollten uns daher immer vergegenwärtigen: Denkt man ausschließlich linear, liegt man mit ziemlicher Sicherheit falsch.

Zukunftsbild: Alles wird immer schneller

Oft sind Zukunftsbilder schlichte Simplifizierungen, die sich in einfachen Sätzen ausdrücken. Wie zum Beispiel: »In Zukunft wird alles immer schneller.« Das hört man sehr häufig, ob in Gesprächen oder auf Bühnen. Meistens ist gemeint, dass viel mehr Information gleichzeitig verarbeitet und sichtbar wird. Was wiederum nicht nur zu Beschleunigung führt. Denn: Alles kann gar nicht immer schneller werden. Man denke nur an den morgendlichen Stau auf dem Weg in die Arbeit. Im Generellen sind wir uns der unterschiedlichen Skalierungen nicht bewusst. Produkte und Verfahren können sich tatsächlich sehr schnell wandeln. Wie schnell geht dies aber mit einer Organisation, einer Gesellschaft? Auch unser Denken wandelt sich nur sehr langsam. Die Bilder zum Beispiel, die wir vom Altwerden im Kopf haben, machen vielen Menschen Angst. Dabei sind die sogenannten Alten heute richtig fit. Unsere Bilder im Kopf wurden durch die biologische Realität längst überholt. Achten Sie einmal darauf, ob auch Ihnen Simplifizierungen, wie zum Beispiel die vermeintliche High-Speed-Zukunft, bekannt vorkommen.

Zukunftsbild: Das geht nicht mehr lange gut

Speziell in den mitteleuropäischen Ländern ist eine latente Sorge über die Zukunft sehr verbreitet. Selbst wenn man an eine gute Zukunft glaubt, kann einem diese kollektive Zukunftsangst ganz schön die Freude verderben. Es vermischen sich dann Sorgen und Zukunftsideen, Pläne und Ängste. Ganz häufig erlebe ich in den Future Rooms, dass Menschen versuchen, eine Trennung einzuführen, um die Sorgen und Ängste von sich fortzurücken. Dann wird zum Beispiel zwischen sich und dem Unternehmen sowie der Gesellschaft unterschieden: Man macht sich über die anderen Sorgen, nicht über sich selbst. Diese Trennung soll beruhigend auf die ganz persönliche Zukunftserwartung wirken. Da diese Trennung aber eine künstliche ist, schwappt ständig eine Handvoll Sorgen ins persönliche Leben. Der Vergleich Ihrer Antworten auf die Heute- und die Morgen-Frage kann sichtbar machen, ob auch in Ihren Zukunftsbildern Sorgen stecken.

Zukunftsbild: Morgen ist alles digital

In der Unterscheidung von heute auf morgen wechseln Menschen immer wieder die Denkkategorie: So kann es sein, dass man im Hier und Jetzt über ein bestimmtes Phänomen anders denkt als in der Zukunftsprojektion. Deutlich wird dies durch ein Beispiel aus einem Future Room, den ich mit einer großen Bildungseinrichtung durchgeführt habe. Die Eingangsfrage lautete: »Was ist Bildung für Sie heute?« Die Antworten gingen alle in eine Richtung: »Bildung ist ein gesellschaftlicher Auftrag zur Sicherung des Wohlstands.« Gefragt, was Bildung in Zukunft bedeuten könnte, kamen überraschend andere Antworten: »Bildung ist in Zukunft digital, hochgradig vernetzt, ortsunabhängig.« Der Magnetismus der Digitalisierung und Technologisierung hatte zugeschlagen. Einmal ist Bildung eine Art gesellschaftliche Grundversorgung. Das andere Mal ist sie nur noch die Beschreibung eines Verfahrens, einer Technologie. Hier wechselt man unmerklich die Kategorie. Dadurch erschwert man sich die

Zukunft. Aktuell wird dieser Kategoriensprung fast ausschließlich durch den technologischen Wandel erzeugt: Zukunft ist dann gleichgesetzt mit Digitalisierung.

Und Ihr Zukunftsbild?

Die eigenen Zukunftsbilder zu erkennen setzt eine gelassene Beobachtung voraus. Sie werden dann auch in Ihren Antworten auf die Heute- und Morgen-Fragen Zukunftsbilder entdecken, vielleicht ja auch einige der genannten. Sie stecken in Ihren Antworten. Es sind Ihre Zukunftsbilder.

Unsere Zukunftsbilder formen unser Denken über die Zukunft. Das ist ganz normal. Wir sollten sie uns deshalb bewusst machen, um unsere Denkmuster zu verstehen. Sie sind die Fundamente, auf denen wir unsere Zukunftspläne bauen. Womöglich haben Sie schon jetzt den Eindruck, dass Ihre Zukunftsbilder nicht tragfähig sind und Sie darauf Ihre Zukunft nicht werden bauen können. Seien Sie unbesorgt! Die Konsequenzen aus dem Future Room werden dann automatisch dazu führen, dass Sie Ihre Zukunftsbilder ändern und Ihre Zukunft somit auf ein neues Fundament stellen werden. Dies geschieht ohne weiteres Zutun als Ergebnis der Arbeit im Future Room. Bewerten Sie deshalb für den Moment Ihre Zukunftsbilder nicht! Sie sind nicht das, was sein soll, sondern das, was ist. Mit Ihren Zukunftsbildern erhalten Sie einen Einblick darin, wie Ihr Unternehmen die Zukunft aktuell sieht. Allein diese Erkenntnis hat bereits einen großen Wert.

Auch in unseren vier Beispielen können Sie Zukunftsbilder erkennen. Es sind Zukunftsbilder, denen ich häufig in unseren Future Rooms begegne.

VIER CASES: ZUKUNFTSBILDER

DIE TANKSTELLENKETTE

Alle acht Bereichsleiter hat Herr Meier zusammenkommen lassen. Er kann sich noch daran erinnern, wie damals sein Vater, Walter Meier, diese Sitzungen leitete. Er hat stets größten Respekt unter der Belegschaft genossen. Schließlich hat er das Unternehmen zur heutigen Größe aufgebaut. Aber Anton Meier weiß, dass er heute das Heft in die Hand nehmen muss, nicht sein Vater. Alle im Raum, bis auf Anton Meier selbst, sind nach wie vor skeptisch, was dieses Projekt angeht. Am Whiteboard steht die Frage: »Was beschäftigt uns heute im Unternehmen am meisten?« Die Bereichsleiter blicken immer wieder irritiert zwischen dem Whiteboard und Anton Meier hin und her. Diesem fällt es nicht leicht, die entstandene Stille auszuhalten. Aber er ist überzeugt von seinem Vorgehen. Und irgendwann wird die Stille von Jörg Hauser durchbrochen: »Also, jetzt im Moment beschäftigen wir uns mit der Zukunft des Unternehmens, würde ich sagen. Aber davon abgesehen bin ich zumeist mit operativen Themen beschäftigt.« »Ja«, meint ein anderer, »ich bin wohl auch zum größten Teil mit operativen Themen beschäftigt. Aber natürlich ist es eine wichtige Frage, wohin wir uns als Unternehmen entwickeln werden.« »Wenn man sich die Entwicklung von alternativen Antriebstechnologien ansieht, gerade die Elektroautos, da tut sich schon was. Welche Auswirkungen hat das auf uns?«, meint ein Dritter. »Genau. Und welche Märkte ergeben sich dadurch?« Langsam kommt das Team in die Gänge. Jeder in der Runde steuert etwas bei, am Ende wird klar, dass sich alle schon Gedanken über die Zukunft des Unternehmens gemacht haben, nur wurde noch kaum darüber gesprochen. »Ich denke, wir dürfen nicht vergessen, wo wir herkommen«, sagt einer der langjährigen Mitarbeiter, als er an der Reihe ist. »Aber ich muss auch sagen, dass es immer sinnvoll ist, sich über die Zukunft Gedanken zu machen. Man muss mit der Zeit gehen. Als das Unternehmen vor über hundert Jahren gegründet wurde, ging es ja auch noch nicht um Tankstellen, sondern um Antriebe. Das musste sich alles erst entwickeln. Man muss mit der Zeit gehen.« Anton Meier nickt zustimmend. »Und genau dafür sind wir hier. Denn was mich im Moment als Geschäftsführer am meisten beschäftigt, ist die Frage, wie wir das Unternehmen heute ausrichten müssen, um morgen erfolgreich zu sein.« Zustimmendes Brummen im Raum.

»Kommen wir zur zweiten Frage. Was, glaubt ihr, wird euch in fünfzehn Jahren am meisten beschäftigen?« »Da bin ich in Rente!«, platzt es aus Jörg Hauser heraus. Gelächter im Raum. »Genau, da interessiert mich nur noch mein Rasen zu Hause!«, meint ein anderer. »Oder wohin ich in den Urlaub fahre!« Die Stimmung ist plötzlich ausgelassen. Aber Herrn Meier wird auch klar: Er ist der Jüngste in dieser Runde und auf eine andere Weise im Unternehmen verwurzelt als seine Kollegen. Während diese mit Leichtigkeit und Vorfreude in die Zukunft blicken, liegt auf ihm die Last der Verantwortung für über 300 Angestellte und deren Familien.

DAS IMMOBILIENBÜRO

Es war nicht einfach, das gesamte Führungsteam für ein paar Stunden freizuspielen. Aber nun kommt auch der letzte Teilnehmer noch in den Raum gestürmt, und sie können loslegen. Drei Stunden, um sich außerhalb des Tagesgeschäfts mit dem Unternehmen zu beschäftigen. »Ich darf euch daran erinnern, dass wir uns darauf geeinigt haben, unsere Handys während dieses Meetings ausgeschaltet zu lassen.« Ein notorisches Problem im Unternehmen – die Leute eilen von Meeting zu Meeting und sind mental doch nie vollständig anwesend. Der angesprochene Robert Haller wischt noch zweimal über das Display seines Handys und schiebt es dann mit Unschuldsmiene in die Mitte des Tischs. Frau Lang lächelt und weist auf die Frage, die der Projektor an die Wand wirft: »Was beschäftigt uns heute im Unternehmen am meisten?«

Frau Langs Chef, Thomas Fährmann, schleudert ihr die erste Antwort im für ihn üblichen Stakkato entgegen: »Projekte auf Schiene bringen, effizienter werden, Prioritäten besser setzen.« Die Leute im Unternehmen haben sich daran gewöhnt, Antworten rasch zu formulieren oder überhört zu werden. Margarete Lang bittet darum, das Tempo ein wenig zu drosseln, damit sie Notizen machen kann.

»Ich finde, wir müssen es schaffen, dass die Mitarbeiter im Unternehmen besser darüber informiert sind, was in den unterschiedlichen Teams passiert. Dann können wir uns auch besser absprechen.« »Das denke ich auch. Wir haben schließlich viele neue Mitarbeiter, die sich erst so richtig einfinden müssen. Letztes Jahr waren wir noch acht Personen, heute sind wir über dreißig. Das führt dazu, dass wir uns aktuell zu sehr mit uns selbst beschäftigen.« »Aber das braucht es doch! Wir haben immer noch kein klares System, keine Struktur. Alles funktioniert irgendwie, aber wir wissen eigentlich nicht, wieso.«

Diese Diskussion ist typisch für das Unternehmen. Man ist sofort mitten im Thema. Aber bevor sich das Meeting schon hier verläuft, weist Margarete Lang, nachdem jeder im Raum zumindest einmal zu Wort gekommen ist, auf die nächste Frage hin: »Was, meint ihr, wird uns in fünfzehn Jahren beschäftigen?«

Kurze Irritation unter den Teilnehmern. Nun dauert es länger, bis erste Antworten folgen. »Das kommt darauf an, würde ich sagen. Wenn wir es schaffen, mit unserem Wachstum umzugehen, können wir noch weiter wachsen«, beginnt Jörg Winter aus der Entwicklungsabteilung schließlich. »Aber nur, wenn wir es auch schaffen, die Bedürfnisse der Kunden auch in Zukunft zu verstehen. Der Immobilienmarkt wird nicht einfacher – höhere Ansprüche, aber gleichzeitig das Problem, dass Preise trotz Platzmangels niedrig gehalten werden müssen.« »Wenn wir den Kunden auch in Zukunft verstehen wollen, müssen wir aber umso stärker versuchen, die kreativen Potenziale von allen Mitarbeitern zu nutzen.«

»Obwohl es um die Zukunft geht, kommt die Gruppe schnell wieder bei Fragen zur Gegenwart an«, denkt sich Frau Lang. »Aber wenn man besonders gefangen ist im Alltagsgeschäft, fällt es oft einfach schwer, in die Zukunft zu abstrahieren«, überlegt sie weiter. »Und auch dies ist ja eine wertvolle Einsicht ins Unternehmen.«

DAS MEDIZINTECHNIKUNTERNEHMEN

»Was beschäftigt uns heute im Unternehmen am meisten?«

»Ich würde sagen, dass wir ständig zusehen müssen, wie wir der Konkurrenz hinterherkommen. Die kommt ständig mit neuen Lösungen auf den Markt. Das beschäftigt mich am meisten.«

»Genau das denke ich auch«, klinkt sich Martin in das Gespräch ein. Die leitenden Personen aus der Abteilung haben sich eingefunden, um über die Zukunft zu sprechen. Für Martin ein optimaler Anlass, um die Digitalisierung des Unternehmens zu thematisieren. »Und ich meine auch, dass wir deshalb lernen müssen, mit den Möglichkeiten der Digitalisierung umzugehen. Da ergeben sich komplett neue Möglichkeiten.«

»Aber es ist ja nicht so, dass es uns heute schlecht ginge. Ganz im Gegenteil. Und wie heißt es so schön: ›If it ain't broke, don't fix it.‹ Und um auf die Frage zurückzukommen: Ich bin heute vor allem damit beschäftigt, die Verkaufsziele zu erreichen. Jetzt haben wir es einigermaßen geschafft, den Ärzten den Nutzen unserer letzten Entwicklung zu erklären, und wir wollen uns schon wieder neue Probleme machen.« Herr Tanner, wie immer bemüht, keine unnötigen Meter zu machen.

»Allerdings muss man durchaus sagen, dass sich unsere Konkurrenz schon dazu bereit macht, mit der Digitalisierung umzugehen. Da könnten harte Zeiten auf uns zukommen.«

»Und nicht nur die bekannte Konkurrenz, sondern auch neue. Plötzlich wollen die Tech-Riesen wie Google oder Apple auf den Gesundheitsmarkt. Die wissen eben, dass hier in den nächsten Jahren viel Geld zu holen sein wird.«

»Ja, die Konkurrenz wird in Zukunft jedenfalls bestimmt nicht kleiner werden. Das beschäftigt mich auch. Wir müssen unsere Gegenspieler schon ganz genau im Auge behalten, wenn wir nicht den Anschluss verlieren wollen.«

»Und was, glaubt ihr, wird uns in fünfzehn Jahren am meisten beschäftigen?«

»Nun, um an das Gesagte anzuknüpfen: Ich befürchte, dass wir dann den bereits erwähnten Tech-Giganten hinterherlaufen werden.«

»Das denke ich auch, Big Data und künstliche Intelligenz werden sicher auch in der Medizin Einzug halten. Und wir müssen dann dafür bereit sein.«

»Und dafür müssen wir lernen, zu denken wie unsere zukünftigen Konkurrenten. Wir müssen so denken, wie Google denkt. Das wird uns in fünfzehn Jahren beschäftigen.«

»Ich kann mir aber auch gut vorstellen, dass wir in fünfzehn Jahren neue Kooperationen eingehen müssen mit heutigen Konkurrenten. Oder wir werden aufgekauft von einem dieser besagten Riesen.«

DAS TELEKOMMUNIKATIONSUNTERNEHMEN

Die meisten Leute im Raum sehen nach wie vor nicht ein, was dieses Meeting soll. Nach einem ganzen Jahr der Arbeit wurde der Zukunftsreport zu den Trends in der Telekommunikation fertiggestellt. Und nun sitzen sie hier und fühlen sich zurückversetzt an den Start. Statt den Report und damit die Zukunft zu besprechen, sollen sie sich Gedanken über die Frage machen, was die Teilnehmer heute im Unternehmen am meisten beschäftigt.

Sven Jost, einer der Initiatoren des Meetings, bringt den Ball schließlich ins Spiel: »Wir sind mittlerweile ja schon so etwas wie ein ›Dinosaurier‹ in der Branche. Und wir sind halt auch ein wenig behäbig geworden. Deshalb müssen wir uns mit der Zukunft besser heute als morgen beschäftigen. Ich weiß, viele von euch denken, das hätten wir mit unserem Report getan. Aber ich sehe unsere Zukunft auch mit dem Report noch nicht klar.«

Daniel Gänzler, der die Erstellung des Reports verantwortet hat, nimmt seinen Chef in Schutz, zumal er auch seine eigene Leistung nicht schmälern will: »Ich bin der Meinung, dass uns der Report ein sehr gutes Bild liefert. Die Frage, die sich nun stellt, lautet einfach: ›Wie kommen wir in die Gänge?‹ Wir haben ja aktuell keine ernst zu nehmende Konkurrenz. Die Leute sehen zu wenig Handlungsbedarf, um etwas zu ändern. Wir müssen es schaffen, das Silodenken im Unternehmen aufzubrechen. An einem Strang ziehen und dabei neue

Ideen entstehen lassen. Dann können wir die Trends der Zukunft angreifen.«

Sven Jost schaltet sich wieder ein: »Genau deswegen müssen wir uns auch mal aus der Zukunft betrachten und realistisch überlegen, wo wir dann stehen. Was wird uns denn in fünfzehn Jahren im Unternehmen beschäftigen?«

»Ich befürchte, wir werden im Grunde die gleichen Probleme behandeln wie heute. Ich bin jetzt bereits seit dreißig Jahren im Konzern. Ich will nicht sagen, dass sich nichts bewegt, aber wir drehen immer wieder dieselben Kreise.«

»Ja, das Gefühl habe ich auch. Und das wird zu Problemen führen, denn die Herausforderungen werden nicht geringer.«

»Wenn wir in fünfzehn Jahren noch die gleichen Probleme haben, liegt es vielleicht daran, dass wir heute die falschen Fragen stellen.« Langsam merkt Sven Jost, dass es ihm leichter fällt, die unbestimmte Unsicherheit bezüglich des Reports zu erfassen. »Wir betrachten Dinge auch immer wieder aus dem gleichen Blickwinkel. Deshalb drehen wir uns immer wieder im Kreis. Vielleicht ist es an der Zeit, dass wir unsere Technologie-Brille einmal abnehmen und mal nur auf das schauen, was in der Gesellschaft passiert.«

KNOPF 2: WILDCARDS

Ein wichtiges Werkzeug der Trend- und Zukunftsforschung sind Wildcards. Diese repräsentieren unerwartete Ereignisse, die eine geringe Wahrscheinlichkeit, aber extreme Auswirkungen haben. Sie sind benannt nach dem englischen Begriff für den Joker im Kartenspiel. Der wissenschaftliche Begriff für solche Phänomene lautet Diskontinuitäten. Trends jeglicher Art sind ständig solchen Diskontinuitäten ausgesetzt. Die Zukunft verläuft eben nicht linear, und seltene Ereignisse können sie stark beeinflussen. Wildcards sind unberechenbar, durchkreuzen Pläne und kommen ins Spiel, wenn niemand damit rechnet.

Im Future Room geht es darum, dass Sie sich des Denkens über Zukunft in Ihrem Unternehmen bewusst werden und dieses gestalten.

Zu diesem Zweck ist es hilfreich, sich mit den potenziellen und extremen Ereignissen auseinanderzusetzen, die wir als Wildcards bezeichnen. Mit dem Knopf Nummer 2 erzeugen Sie drei Wildcards für Ihr Unternehmen und reflektieren die möglichen Entwicklungen daraus.

BITTE DRÜCKEN SIE NUN KNOPF 2.

Als Ausgangspunkt für die Entwicklung der Wildcards nehmen Sie sogenannte schwache Signale (Weak Signals). Das sind Signale der Veränderung – in Ihrer Umgebung oder den Märkten. Als schwach gelten solche Signale, die man zwar bemerken kann, wenn man genau hinschaut, von denen aber noch keine große Wirkung ausgeht. Ein leichter Einbruch im Umsatz des Top-Produktes könnte so ein Signal sein oder sich häufende Nachfragen der Kollegen zu einem Thema. Auch Technologien, die zwar in China, aber noch nicht bei uns zum Einsatz kommen, können ein solches Signal sein. Ein schwaches Signal kann auch sein, wenn Sie als Team plötzlich keine Termine mehr füreinander finden. Oder wenn Sie schlichtweg über eine gewisse Zeit ein komisches Gefühl zu einem Thema mit sich herumtragen. Um Ihre eigenen Wildcards zu entwickeln, notieren Sie als Erstes drei schwache Signale, die Sie im Moment in Ihrer Umgebung erkennen. Solche Signale zu bemerken und zu benennen kann einen Moment dauern – nehmen Sie sich Zeit.

Ein Hinweis für die Arbeit im Team: Jeder sollte alle Weak Signals, die er im Moment zu erkennen meint, nennen. Besprechen Sie diese sodann gemeinsam. Halten Sie alle Signale fest, die in diesem Dialog ausgesprochen werden.

Weak Signal 1: Irritation von Köln

Weak Signal 2: Individualle Bedürfnisse von Kunden

Weak Signal 3: alternative Wissensbeschaffung /Webinare etc

Nur finanzielle Interessen zählen.

Als Nächstes nehmen Sie an, dass aus dem schwachen Signal eine gigantische Disruption entsteht. Verwandeln Sie das Weak Signal in ein Ereignis, das alles, was Sie bisher tun, lahmlegt und in Frage stellt. Beschreiben Sie hier die Folgen: Was wäre, wenn dieses Ereignis wirklich eintreten würde? Was würde geschehen? Mit diesen Fragen entwickeln Sie aus jedem Weak Signal eine Wildcard. Halten Sie Ihre Gedanken fest:

Wildcard 1: Wechsel des Systems

Wildcard 2: Konzentration auf individuelle Beratungs/Trainingsleistung

Wildcard 3: Ergibt sich aus 1 u. 2

Damit haben Sie drei Wildcards entwickelt, die jeweils aus einem schwachen Signal Ihrer Umgebung stammen. Vergegenwärtigen Sie sich nun wieder Ihre Zukunftsfrage und überlegen Sie: Was würde sich in Bezug auf die Zukunftsfrage ändern, wenn die in der jeweiligen Wildcard beschriebene Entwicklung eintreten würde? Achten Sie auf die Gedanken, die sich in Ihnen melden oder die in Ihrem Teamdialog geäußert werden. Füllen Sie den Holo-Screen mit je drei Gedanken pro Wildcard.

Holo-Screen zu Knopf 2: Wildcards

Gedanke 1 zu Wildcard 1: Scale up

Gedanke 2 zu Wildcard 1: Stricbel-training

Gedanke 3 zu Wildcard 1: Agilitäts-Beratung

Gedanke 1 zu Wildcard 2: Spezialisten im Netzwerk

Gedanke 2 zu Wildcard 2: „line" Prozess-Spezialisten

Gedanke 3 zu Wildcard 2: Gesundheit „better health"

Gedanke 1 zu Wildcard 3: Digitalisierungs Spezialisten.

Gedanke 2 zu Wildcard 3:

Gedanke 3 zu Wildcard 3:

VIER CASES: WILDCARDS

DIE TANKSTELLENKETTE

»Ich habe erst kürzlich wieder ein Elektroauto bei uns im Ort gesehen. Gilt das als Weak Signal?«

»Tesla ist bereits Marktführer in den USA, was Oberklasse-Modelle angeht. Ich denke nicht, dass es sich hier noch um ein schwaches Signal handelt. Was die Entwicklung zu E-Autos hin angeht, sind wir uns ja ohnehin einig.«

»Jetzt mal abgesehen von den E-Autos. Ich hatte vor kurzem ein Erlebnis, das mir ein wenig die Augen geöffnet hat. Ihr wisst ja, ich habe mir ein neues Auto zugelegt. Also dachte ich mir, statt das alte zu verkaufen, schenke ich es doch einfach meinem Sohn. Der lebt ja seit einiger Zeit in Berlin fürs Studium und hatte noch nie ein eigenes Auto, also wollte ich ihm eine Freude machen. Und wisst ihr, was er sagt? Er sagt einfach ›Nein danke. In Berlin brauche ich eigentlich kein Auto, und falls doch mal, miete ich einfach eines für ein paar Stunden‹. Ich meine, als ich mit zwanzig Jahren mein erstes Auto bekommen habe, war das für mich das Größte. Ich habe es gehütet wie meinen Augapfel. Und heute sind Menschen in diesem Alter oft gar nicht mehr interessiert daran, ein eigenes Auto zu besitzen. Diese ganze Entwicklung mit der Netzwerkgesellschaft und der Sharing Economy … In meiner Generation war es noch wichtig, sich etwas aufzubauen, sich Sicherheit zu schaffen. Heute ist es den Leuten nicht mehr so wichtig, etwas zu besitzen. Da wird auch die Zahl der Autos abnehmen mit diesen Sharing-Diensten.«

»Du meinst also, dass wir uns nicht nur um die Entwicklung zu elektrischen Antrieben hin kümmern müssen, sondern dass die Autoindustrie generell ausstirbt?«

»Nein, das nicht gerade. Aber um der Übung willen: Was wäre denn, wenn die Leute in Zukunft einfach keine eigenen Autos mehr besitzen wollen? Dann müssten sie auch nicht mehr bei uns tanken. Egal ob Benzin, Diesel oder Strom.«

»Also wenn das wirklich so läuft, haben wir eine düstere Zukunft vor uns ...«

»Lassen wir uns davon nicht die Stimmung trüben. Es ist wichtig, dass wir einmal darüber reden, welche unausgesprochenen Annahmen in uns schlummern, die wir uns sonst nicht trauen auszusprechen.«

DAS IMMOBILIENBÜRO

»Mein persönliches Weak Signal habe ich ja eigentlich schon erwähnt: Auch wenn unsere Projekte in der jüngsten Vergangenheit noch erfolgreich abgeschlossen worden sind, so glaube ich trotzdem, dass wir den Faktor verlieren, der uns so weit gebracht hat.«

»Den *Faktor*, der uns so weit gebracht hat?«

»Ihr wisst schon. Wir haben uns immer gerühmt, anders als die anderen Immobilienentwickler zu sein. Dass wir uns die Zeit nehmen, um ein Projekt von allen Seiten zu betrachten, die Kundenwünsche wirklich ernst zu nehmen und *wirklich* innovative Konzepte zu liefern.«

»Aber es scheint doch zu funktionieren. Wir haben ein extrem erfolgreiches Geschäftsjahr hinter uns. Wie es aussieht, haben wir bis Ende des Jahres bereits dreimal so viele Angestellte wie noch vor zwei Jahren, und wir sind schon jetzt für die nächsten eineinhalb Jahre mit Projekten ausgelastet.«

»Ja, das mag alles stimmen. Aber für mich ist das eben ein Weak Signal. Und nehmen wir mal an, ich habe recht. Wir werden zwar in nächster Zeit weiter wachsen. Wir werden genügend Projekte haben, und wir werden finanziell erfolgreich sein. Aber irgendwann wird der Punkt kommen, an dem unsere Kunden unsere Konzepte nicht mehr von denen der anderen Agenturen werden unterscheiden können. Dann werden wir beliebig sein. Und dann werden wir auch nicht mehr so erfolgreich sein, weil sich dann neue, ambitionierte Player am Markt befinden werden. Und die werden *wirklich* innovative Konzepte entwickeln wollen. Für die wird der finanzielle Erfolg sekundär sein. Genau wie bei uns früher. Und gerade deshalb werden diese Agenturen dann erfolgreich sein. Und wir werden langsam in der Versenkung verschwinden. Denn dann sind wir vielleicht ein Unternehmen mit dreihundert Mitarbeitern. Und wie sollen wir dann lernen, wieder richtig kreativ zu sein, wenn wir es jetzt mit dreißig Mitarbeitern schon nicht mehr zustande bringen? Ist das nicht auch schon so ein Signal?«

DAS MEDIZINTECHNIKUNTERNEHMEN

»Also, eine Entwicklung, die ich in letzter Zeit immer öfter beobachte, ist, dass unsere Käufer sich nicht mehr so einfach mit der technischen Qualität unserer Produkte zufriedengeben. Zum ersten Mal, seit ich hier arbeite, erlebe ich, dass unsere Käufer mit den Bedürfnissen ihrer Kunden zu uns kommen. Krankenhäusern geht es dann nicht mehr nur um die Meinung der Ärzte, sondern auch darum, wie es den Patienten mit den Geräten geht. Das ist völlig neu. Und wenn sich das so fortsetzt, dann müssen auch wir uns verstärkt mit den Patienten auseinandersetzen.«

»Stimmt. Wenn man das weiterdenkt, steigt also die Bedeutung der Patienten für unsere Entwicklung, und die der Krankenhäuser als Akteure nimmt relativ dazu ab. Könnte ein solches Signal sein.«

»Hm ... Wenn wir sagen, dass Roboter in der Medizin in Zukunft eine größere Rolle spielen werden, dann könnte man ja auch sagen, dass Ärzte aus der Sicht der Patienten eine geringere Rolle spielen werden. Unsere Wildcard würde also behaupten, dass es Ärzte in Zukunft nicht mehr braucht, um ein Krankenhaus betreiben zu können.«

»Wenn eine Diagnose vollständig von einer Maschine erledigt werden kann, braucht es viele Ärzte in der heutigen Form vermutlich überhaupt nicht mehr.«

»Dann würde uns aber auch ein Gutteil der Kunden abhandenkommen.«

»Aber wenn wir die Ärzte nicht mehr als Mittelsmänner brauchen, könnten wir auch die Patienten direkt bedienen!«

»Wie meinst du das?«

»Na ja, anstatt Krankenhäuser mit unseren Geräten zu beliefern, könnten wir unsere eigenen Diagnosezentren eröffnen. Mit Spezialisten, die die Geräte bedienen und die Patienten beraten. Aber wir bräuchten keine klassischen Ärzte und könnten, wie gesagt, die Mittelsmänner umgehen.«

»Nun, das wäre ein vollkommen neues Spiel ... Plötzlich sind wir dann nicht mehr nur Produzent, sondern auch Dienstleister.«

DAS TELEKOMMUNIKATIONSUNTERNEHMEN

Die Gruppe versinkt wieder in Nachdenklichkeit. Weak Signals in der Gesellschaft zu beobachten steht nicht unbedingt auf ihrer gewohnten Tagesordnung, sondern eher der Blick auf die globalen Märkte und Big Data. Sie schauen sich fragend an.

Irgendwann bricht doch jemand das Schweigen: »Vor kurzem waren meine Schwester und ihre Tochter, also meine Nichte, bei mir zu Gast. Ich habe eigentlich erwartet, dass die junge Dame mit ihren vierzehn Jahren ständig auf ihr Handy glotzen wird.«

»Ja, wie es alle Jugendlichen heutzutage machen ...«

»Eben nicht! Sie hat während des ganzen Abends vielleicht ein oder zwei Mal auf ihr Handy gesehen. Und wisst ihr, was sie stattdessen gemacht hat? Sie hat sich ausführlich über meine Plattensammlung erkundigt. Ja, sie wollte gar nicht mehr aufhören! Welche Musik ich früher hörte, wie so ein Plattenspieler eigentlich funktioniert und welche Marke ich ihr empfehlen könne. Nach Walkman, iPod und Spotify jetzt also zurück zum Plattenspieler – ist das nicht irre?«

»So ein ähnliches Erlebnis hatte ich auch vor kurzem. Mein Sohn hatte einige seiner Kumpels zu Gast. Die haben jetzt für sich die Regel, dass sie alle ihr Handy in einen Behälter, einen Korb oder etwas in der Art, legen, wenn sie sich treffen. Derjenige, der doch einen Blick drauf wirft, muss dann eine Runde zahlen, wenn sie das nächste Mal gemeinsam ausgehen.«

»Und was lernt ihr daraus?«

»Nun, was ist, wenn das so ein Weak Signal ist, wenn der Trend zu immer größerer Vernetzung nicht in der Form weitergeht wie bisher? Wenn Vernetzung nicht ständige Erreichbarkeit bedeutet, sondern wieder vor allem Mittel zum Zweck wird? Wenn nicht mehr das Digitale im Vordergrund steht, sondern das Analoge?«

»Dann hätten wir uns mit unserer Strategie ganz schön verschätzt. Aber unser Research Center behauptet ohnehin was ganz anderes, die Online-Zahlen gehen nach wie vor nach oben …«

ZUKUNFTSTHESEN

Auch die Trend- und Zukunftsforschung arbeitet mit Zukunftsbildern. Sie erforscht diese und macht sie sichtbar, zum Beispiel in Form von Thesen.

Ich möchte Ihnen nun einige Zukunftsthesen vorstellen, die ich mit meinem Team im Zukunftsinstitut erarbeitet habe. Sie bilden die Grundlage für Ihren nachfolgenden Dialog mit der Zukunft und den Knopf 3. Doch bevor ich zu den Thesen komme, erlauben Sie mir noch ein paar grundsätzliche Erläuterungen zur Entstehung dieser Zukunftsthesen.

Zukunftsbilder aus Trends

Die Zukunftsbilder, die aus der Trend- und Zukunftsforschung kommen, werden meist durch eine passende Zukunftserzählung für die Vorstellungskraft greifbar gemacht. Dies geschieht durch bewusst entwickelte Trendbegriffe, Modelle und ausführliche Beschreibungen. Im Kern geht es um die Entwicklung eines Narrativs, das ein Bild im Kopf erzeugt. Denn diese Bilder im Kopf sind es ja, die unser Denken und damit unser Handeln beeinflussen. In der Trend- und Zukunftsforschung geht es also um starke Zukunftsbilder, die eine klare Vorstellung hervorrufen. Diese können dann semantische Leerstellen im Kopf erschließen – also einen noch unbesetzten Raum mit Bedeutung füllen – und die Wahrnehmung auf die Veränderungen in unserer Welt lenken.

Woher stammen die erforschten Zukunftsbilder?

Die Basis für die Zukunftsbilder aus der Trend- und Zukunftsforschung sind in unserem Fall die vom Zukunftsinstitut beobachteten und erforschten Phänomene und Veränderungen in der Welt. Wir haben sie über

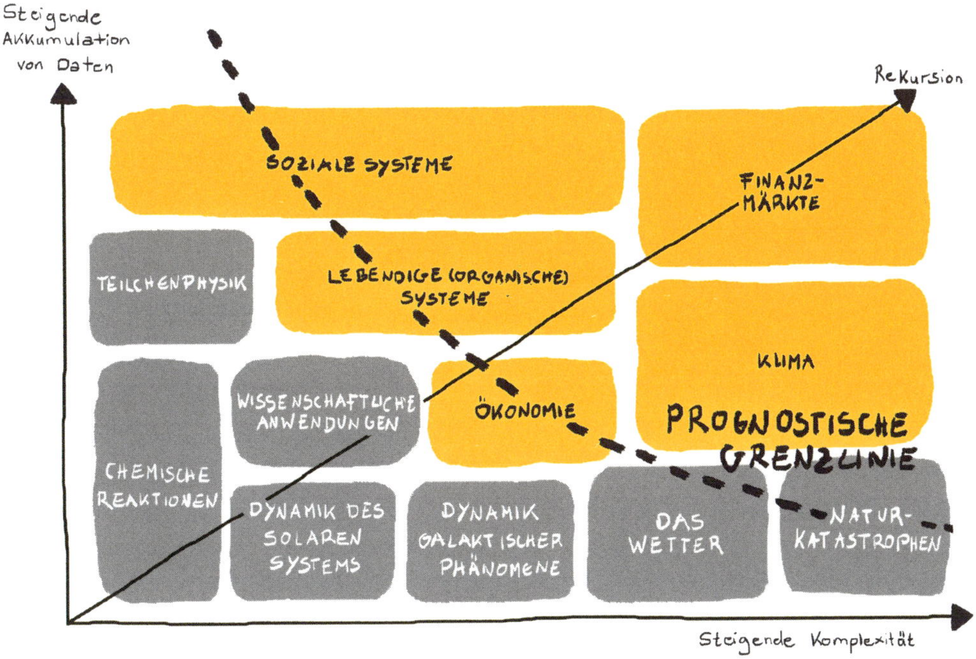

Jahre hinweg systematisiert und aus dieser Systematik Grundannahmen über die Zukunft abgeleitet. Sie heißen bei uns »Megatrends«. Zu diesen Megatrends haben wir weitere Recherchen angestellt, wir haben sie intensiv analysiert und in Thinktanks mit Vordenkern evaluiert. Deshalb sind all unsere Zukunftsannahmen gründlich durchdacht und tief fundiert. Es sind in Worte gefasste Bilder – Aussagen und Erzählungen über die Zukunft, die Ihnen helfen, Ihre eigenen Bilder zu entwickeln. Vielleicht fragen Sie sich jetzt, woher wir wissen, dass diese Grundannahmen über die Zukunft wahrscheinlich und vertrauenswürdig sind. Mit dieser Frage wären Sie nicht allein.

»Was kann man überhaupt alles über die Zukunft wissen?«

Diese Frage hat mir unlängst der CEO eines großen Automobilkonzerns gestellt. Die Antwort: Es kommt darauf an … Was ich damit meine, verdeutlicht das in der Grafik gezeigte Modell (angelehnt an Überlegungen des Mathematikers und Physikers John D. Barrow[6]).

Auf der x-Achse des Koordinatensystems wird die Komplexität des jeweils betrachteten Systems gemessen. Je größer zum Beispiel die Binnendifferenzierung eines Systems ist, umso komplexer ist es – etwa wenn ein Unternehmen eine Vielzahl von Organisationsebenen hat und zwischen diesen Ebenen eine Menge von kausalen Wechselbeziehungen stattfinden. Auch eine geringere Berechenbarkeit des System-Outputs erhöht dessen Komplexität (das Wetter ist ein komplexes System – es ist kurzfristig, aber nicht auf lange Sicht verlässlich berechenbar). Auf der y-Achse wird die produzierte Datenmenge des Systems gemessen. Manche Systeme erhöhen die Datenmenge, indem sie die selbst erzeugten Daten wieder in sich aufnehmen und daraus neue Daten herstellen. Eine solche Rückkopplung von Teilergebnissen in das System findet etwa auf den Finanzmärkten statt, dazu gleich mehr.

In dieses Koordinatensystem lässt sich nun eine »prognostische Grenzlinie« einzeichnen (siehe Grafik). Sie verläuft in einer Kurve zwischen den grundsätzlich berechenbaren chemischen, mechanischen, physikalisch dominierten Systemen mit geringerer Datenmenge und den komplexen Systemen mit einer großen Datenmenge. Alles, was oberhalb der Linie liegt, lässt sich nur grob oder gar nicht prognostizieren. Das gilt zum Beispiel für die Finanzmärkte, speziell die Börsenkurse. Sie sind kurzfristig getaktet und in ein komplexes System integriert, das sich durch ständige Kursprognosen wieder wandelt. Prognosen fließen sogleich wieder in das System ein und erzeugen neue Prognosen (Rückkopplung der Teilergebnisse). Jegliche längerfristige Zukunftsaussage über Börsenkurse ist und bleibt daher Spekulation. Demografische Entwicklungen hingegen sind als Phänomen von lebendigen und sozialen Systemen noch recht gut prognostizierbar. Ihre Komplexität ist überschaubar hoch, die Entwicklungen sind langfristig, langsam und nur selten abrupten Veränderungen ausgesetzt. Die Informationsmenge kann deshalb noch gut analysiert und verarbeitet werden. Große gesellschaftliche Entwicklungen sind also in Teilen ziemlich gut prognostizierbar. Diese Entwicklungen sind es, welche wir in unseren Megatrends beschreiben. Auch Technologien lassen sich gut beobachten: Dafür gibt es kluge Modelle, aus denen sich Aussagen über Auswirkungen technischer Entwicklungen ableiten lassen.

Generell möchte ich an dieser Stelle aber noch einmal betonen: Jegliche Art von Prognosen sind Aussagen, denen eine gewisse Wahrscheinlichkeit in der Zukunft zugeschrieben wird. Es ist und bleibt unmöglich, das hundertprozentige Eintreten eines Ereignisses in der Zukunft exakt vorherzusagen.

Was wir vom Wetter über den Umgang mit Zukunft lernen können

Den alltäglichen Umgang mit Prognosen kennen wir vom Wetter. Ein Meteorologe eines führenden Instituts der Wetterforschung sagte mir einmal: »Mehr als achtzehn Stunden in die Zukunft können wir das Wetter nicht wirklich zuverlässig prognostizieren. Danach öffnet sich der Möglichkeitsraum so weit, dass jede Aussage nur mehr einer Schätzung gleichkommt, weil einfach zu viele Faktoren Einfluss auf das Wetter haben. Und selbst im Minutenbereich: Je präziser wir auf einen Punkt hin das Wetter brauchen, desto vager die Aussagen. Denken Sie nur an die Formel 1. Kommt der Regen, oder kommt er nicht?« Je länger der prognostizierte Zeitraum in der Zukunft liegt, je präziser die Prognose sein soll, desto weniger aussagekräftig, desto unsicherer ist die Vorhersage.

Ganz anderes gilt für die Klimaforschung. Hier geht es nicht um eine sehr präzise Prognose, quasi auf den Punkt, sondern um eine langfristige allgemeine Entwicklung. Es wird mit Daten und Methoden gearbeitet, die sich für die Untersuchung langfristiger Entwicklungen über Jahrzehnte hinweg eignen. Man analysiert hierfür die Historie, verwendet Unmengen an Messdaten, baut Modelle, führt einen interdisziplinären Metadiskurs und überprüft die Ergebnisse durch ständiges Feedback. Die daraus resultierenden Aussagen über Tendenzen sind dann grob und wenig spezifisch. Aber: Niemand will wissen, ob es am 28. Juli 2054 regnen wird. Sondern uns interessiert, welches grundlegende Klima dann herrschen kann. Genau so ist auch die Arbeit mit Megatrends im Zukunftsinstitut zu verstehen. Diese Art der langfristigen Forschung liefert uns wichtige Zukunftsbilder, die den Umgang mit dem Planeten in der Gegenwart beeinflussen.

Die langfristige Wirkkraft der Megatrends

Auch in der Trend- und Zukunftsforschung unterscheiden wir Trends nach ihrer Dauer. Die Megatrends wirken bereits in unserer Gegenwart, beschreiben jedoch Phänomene, die um die 30 bis 50 Jahre in die Zukunft reichen und uns eine Vorstellung von dem zukünftigen »gesellschaftlichen Klima« geben. Im Zukunftsinstitut haben wir zwölf Megatrends definiert. Die beschreibenden Begriffe dafür sind grobe Kategorisierungen wie »Urbanisierung«, »Gesundheit« oder »Mobilität«. Ganz bewusst sind diese Begriffe sehr gewöhnlich. Sie sollen uns nicht ablenken, sondern dabei helfen, unser langfristiges Denken zu strukturieren. Im Business haben Megatrends vor allem strategische Bedeutung.

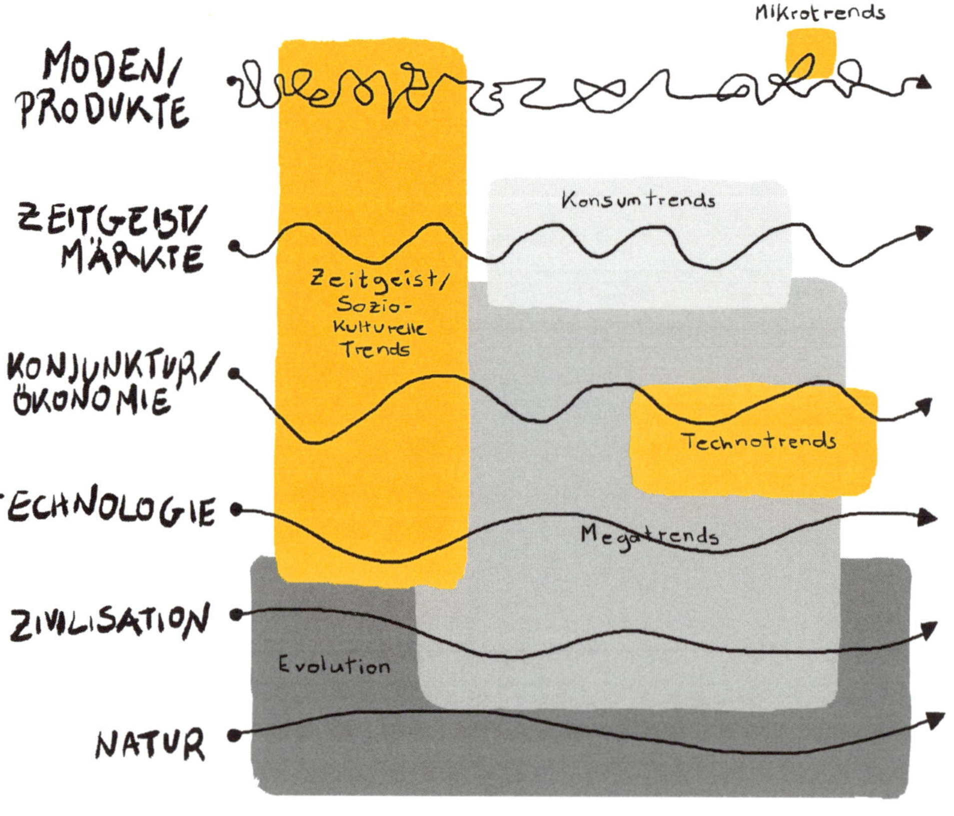

Im Unterschied zu den Megatrends entfalten sich Konsum-, Branchen- oder Technologietrends in kürzeren Wellen. Diese Trends geben eine Antwort auf die Frage, wie sich Märkte und Bedürfnisse über die nächsten zwei bis fünf Jahre entwickeln. Die Zukunft lässt sich also, abhängig vom Betrachtungszeitraum, in unterschiedlichen Trend-Kategorien betrachten. Sie werden in der Grafik gezeigt, wobei die Wellenformen die Wandlungsgeschwindigkeit der einzelnen Trends markieren.

Trenderzählungen als Weltsichten und Reflexionsinstrumente

Trends erzählen von Wahrscheinlichkeiten und beinhalten immer die Weltsicht eines Beobachters, wie systemisch sauber die zugrunde liegende Forschung auch aufgebaut ist. Selten sind sie »unschuldig«, fast immer haben sie eine bestimmte Intention. In meinem Fall: die kritische, aber optimistische Auseinandersetzung mit Zukunft. Für Ihre Arbeit im Future Room sind die Herkunft der Trends und die ihnen innewohnende Intention aber unerheblich. Denn aus der Sicht Ihres Unternehmens ist hier nur eines wesentlich: Trends sind nützlich, wenn Sie sie als Einladung zum Dialog mit und über die Zukunft betrachten. Die Trends schreiben Ihnen kein Verhalten vor. Es ist nicht ihr Zweck, dass Sie ihnen einfach blind folgen. Für die Arbeit mit Zukunftsfragen gilt es vor allem, Trends als Reflektoren zu nutzen. Die Wahrheit über Trends können Sie ausschließlich für sich selbst definieren.

Es ist daher gar nicht entscheidend, ob Sie mit den folgenden Zukunftsbildern in Form von Thesen einverstanden sind oder nicht. Ich will Sie auch nicht von unserer Weltbeobachtung überzeugen – es geht nicht um richtig oder falsch. Die Thesen mögen Sie inspirieren, weiterführende oder auch gerne konträre – jedenfalls für Sie persönlich stimmige – Gedanken zu entwickeln. Die Zukunftsfrage, die Sie formuliert haben, kann Sie dabei begleiten. Vielleicht ergeben sich daraus auch neue Zukunftsfragen; das wäre nicht untypisch. Denn die Konfrontation mit den Thesen wird Sie auf neue Gedanken bringen.

Die Form, die ich für die Zukunftsbilder gewählt habe, ist, wie gesagt, die These. Am Beginn stehen jeweils ein Begriff sowie eine Aussage über die Zukunft. Diese Aussage wird dann im Weiteren erläutert. Hinter jeder

der Thesen stecken Studien und Untersuchungen, die ich aus Platzgründen nicht vollständig anführen kann. Am Ende gibt es ausgewählte weiterführende Links oder Hinweise auf Publikationen, sollten Sie die Beschäftigung mit den hier ausgeführten Thesen vertiefen wollen.

Die Zukunftsthesen

Mobilität

Kurzthese: Reisen wird vom lästigen Muss zur entspannten Erfahrung.

Heute sind Menschen häufiger unterwegs denn je zuvor. Mobilität ist einfach und erschwinglich geworden, und Menschen gestalten ihren Lebensstil entsprechend: Orte haben weniger bindende Kraft als früher, das tägliche Pendeln zur Arbeit oder zwischen zwei Wohnsitzen ist genauso selbstverständlich geworden wie kurze Business-Trips oder lange Urlaubsreisen per Flugzeug. Unterwegs zu sein ist keine Ausnahme mehr, sondern ein Teil des Lebens. Gleichzeitig wächst die Sensibilität dafür, wie, wann und womit man unterwegs ist. Ein neues Umweltbewusstsein mit Kritik gegenüber dem klimaschädlichen CO_2-Ausstoß von Auto und Flugzeug wird der E-Mobilität den Weg ebnen. Der Mobilitätskonsum wird sich in Zukunft grundlegend verändern und sich weniger um die einzelnen Verkehrsmittel wie etwa das Auto an sich drehen, sondern um eine reibungslos funktionierende Mobilitätskette aus einer beliebigen Kombination an verfügbaren Verkehrsmitteln. Fortbewegung wird zudem nicht einfach nur noch immer schneller: Langsames Reisen mit der Bahn, die gesunde Variante mit dem Fahrrad oder auch das Wandern erleben ein Revival. Aus Mobilitätsstress wird Mobilitätsgenuss.

Weiterführende Informationen:
Rammler, Stephan: *Volk ohne Wagen*, Frankfurt 2013.
Zukunftsinstitut (Hg.): »Megatrend Mobilität«,
in: *Megatrend Dokumentation*, Frankfurt 2015.

Urbanisierung

Kurzthese: Das Ländliche wird zu einem Teil der Städte, und die Stadt rückt näher zum Land.

Städte sind die Zentren der globalisierten Welt, hier entwickelt sich das kulturelle Leben weiter, hier finden kreative Köpfe zusammen, entstehen soziale Bewegungen und technologische Innovationen. Die immer größeren Megacitys bekommen die wirtschaftliche Kraft ganzer Volkswirtschaften und werden zu Vorreitern in der Beantwortung der Frage, wie wir in Zukunft leben werden. Städte sind daher ultimative Anziehungspunkte und führen zu einem anhaltenden Zuzug der Menschen vom Land in die Stadt. Das bedeutet jedoch nicht, dass die Menschen die Vorteile der ländlichen Lebensweise völlig vergessen: Der Tendenz zur städtischen Anonymität wird begegnet mit der Integration von ländlichen, provinziellen Strukturen in Stadtvierteln. Quartiere werden zur überschaubaren Organisationseinheit von neuen Gemeinschaften im städtischen Umfeld. Das Landleben wird in die Stadt hineingeholt, denn hier wie dort ist das Thema Lebensqualität zwar auch an die Frage nach verfügbaren Infrastrukturen geknüpft, primär geht es dabei jedoch immer zuerst um die Frage nach sozialer Nähe und Verbundenheit.

Weiterführende Informationen:

Saunders, Doug: *Arrival City*, München 2011.
Zukunftsinstitut (Hg.): *Immobilien Report 2016*, Frankfurt 2015.
Zukunftsinstitut (Hg.): »Megatrend Urbanisierung«,
in: *Megatrend Dokumentation*, Frankfurt 2015.

Netzwerkgesellschaft/Sharing Economy

Kurzthese: Gemeinsam nutzen ist künftig wichtiger als alleine besitzen.

Über das Internet kann heutzutage beinahe jeder mit jedem auf der Welt in Verbindung treten. Aber auch wo Kontakte online geknüpft werden, finden Interaktionen in der realen Welt statt – das Internet erweitert lediglich die Möglichkeiten der Organisation. So entsteht eine Netzwerkgesellschaft, in der sich ein gemeinsames Gefühl dafür etabliert, dass über diese Art der sozialen Vernetzung auf schnellere und unkompliziertere Weise denn je zusammen etwas geschaffen werden kann. Sharing ist eine der wichtigen Kulturtechniken der Zukunft: Das Teilen und Tauschen von Informationen, Wissen und neuesten Forschungsergebnissen führt zu einer neuartigen, produktiven Form der Zusammenarbeit. Aber auch das Teilen und Tauschen von Gegenständen in der realen Welt, wie beispielsweise Carsharing, wird zu einer neuen Form des Miteinander-Agierens, für die das Internet als Organisationsplattform dient. In diesem Zeitalter entwickelt sich ein neues Verständnis von Eigentum und Besitz: Besitz ist weniger relevant, denn wenn alle ihr geistiges und materielles Eigentum anderen zur Verfügung stellen und teilen, können alle mehr »haben«. Dabei geht es primär um den Nutzen und den Mehrwert, der sich aus dem Teilen und Tauschen ergibt. Zugang ist für die Menschen in Zukunft wichtiger als Besitz.

Weiterführende Informationen:

Helbing, Dirk (Hg.): *Managing Complexity*, Heidelberg 2010.
Zukunftsinstitut (Hg.): »Megatrend Wissenskultur«, in: *Megatrend Dokumentation*, Frankfurt 2015.

Digitale Erleuchtung

Kurzthese: Über das Ob und Wann im Umgang mit digitaler Technik entscheiden die Menschen künftig bewusst und selbstbestimmt.

Die Angst der Menschen vor einer Übermacht der Technik und Robotik und eine ständige Überforderung im Umgang mit den digitalen Möglichkeiten (zum Beispiel Smartphone, soziale Netzwerke) zeigen, dass wir als Menschen bisher noch keinen angemessenen Umgang mit der digitalen Welt gefunden haben. Sie saugt uns auf und macht uns gefühlt zu ihren Opfern und Handlangern. Doch das wird mit der Zeit nicht so bleiben. Menschen entwickeln ein geschärftes Bewusstsein für die Verlockungen der vielfältigen Kommunikationsmöglichkeiten und der ständigen Erreichbarkeit. Sie erlernen mehr und mehr einen bewussten Umgang mit der digitalen Technik und ein Verständnis dafür, dass wir den Einfluss der modernen Technologie und des Internets auf unser Leben selbst formen können. So entsteht die digitale Erleuchtung, eine Kulturtechnik für den Umgang mit der digitalen Welt, die es Menschen ermöglicht, kompetent, bewusst und selbstbestimmt zu entscheiden, wie viel Technik sie in ihr Leben lassen wollen – je nachdem, wo ihnen diese wirklich zu Diensten sein kann. Ein Weniger an Digitalem wird daher öfter einmal die Konsequenz sein als eine wachsende Nutzung digitaler Technik.

Weiterführende Informationen:
Han, Byung-Chul: *Im Schwarm*, Berlin 2013.
Kucklick, Christoph: *Die granulare Gesellschaft*, Berlin 2014.
Zukunftsinstitut (Hg.): *Digitale Erleuchtung*, Frankfurt 2016.

Achtsamkeit

Kurzthese: Gelassenheit und Zeit werden zu neuen Statussymbolen.

Achtsamkeit ist der Gegentrend zur permanenten Reizüberflutung, zur medial erzeugten Aufregung und zur erzwungenen Steigerung der Aufmerksamkeitsressourcen. Immer öfter hinterfragen wir die Art, wie wir mit uns und der Welt umgehen. Achtsamkeit heißt, dass man das Trommelfeuer der Erwartungen, die Flut der Bilder und Ideologien abschalten lernt – um wahrzunehmen, was ist. Sie entsteht, wenn man loslässt und einige Schritte zurücktritt, um sich selbst und die Welt zu beobachten. Achtsamkeit bedeutet, die Dinge differenzierter zu betrachten, nicht auf alles sofort zu reagieren, sich nicht von Emotionen wie Zorn, Angst, Neid oder Furcht treiben zu lassen, sondern mit Gelassenheit und Konzentration auf das Hier und Jetzt zu blicken. Es geht nicht um meditative Entrücktheit, sondern um die Rückkehr ins eigene Leben. Achtsamkeit zielt darauf ab, Wissen wieder an Kompetenz, Information an Wirksamkeit, Kommunikation an Begreifen zu koppeln. Achtsamkeit wird künftig nicht nur für die Menschen privat, sondern auch im Business-Kontext ein wichtiger Grundwert und eine Arbeitsstrategie sein. Sie verhilft zur Stärkung von Klarheit, Stabilität und Kompetenz.

Weiterführende Informationen:
Horx, Matthias: »Gibt es einen Megatrend Achtsamkeit?«,
in: *Zukunftsreport 2016*, Frankfurt 2015.
Zukunftsinstitut (Hg.): *Die neue Achtsamkeit*, Frankfurt 2017.

Hygge

Kurzthese: Die globale Verbundenheit aller Menschen führt zum Gegentrend der privaten, intimen Kleinstgruppen.

Das dänische Wort »Hygge« steht für den zunehmenden Rückzug der Menschen in überschaubare, vertraute soziale Kreise, meist die Familie oder enge Freunde, also in einen »heimeligen« Kontext. Es definiert einen neuen Weg des Wohllebens im 21. Jahrhundert. Im Unterschied zum Cocooning ist Hygge nicht individualistisch, sondern setzt an Kommunikationsbedürfnissen und der Sehnsucht nach Komfort, Gehaltenwerden, Gebundensein und einer sozialen Form von Geborgenheit an. Und anders als bei der Wellness geht es bei der Hygge nicht nur um (Selbst-)Verwöhnung und passive Entspannung, sondern um aktives Gestalten unseres unmittelbaren Lebensumfeldes. Hygge handelt von sozialer, aber auch ästhetischer Wärme. Typisch für den Hygge-Lebensstil ist es, sich auf kleine Dinge zu konzentrieren, auf die es wirklich ankommt: mehr Zeit mit Freunden und Familie zu verbringen und gemeinsam die guten Dinge des Lebens zu genießen. Das kann vieles bedeuten – von einem erfrischenden Fahrradausflug bis zum gemütlichen Kakaotrinken in einem Café, vom gemeinsamen Kochen bis zum Outdoor-Picknick bei offenem Feuer. Bei Hygge geht es um Selbstbeschränkung und Fokussierung. Sie findet also häufig jenseits des Alltags und der Welt des Internets und der Medien statt. Hygge ist das Gegenmodell zu einem flüchtigen Lebensstil. Sie steht für eine neue urbane Lebensweise.

Weiterführende Informationen:

Horx-Strathern, Oona: »Der Hygge-Trend«, in: *Zukunftsreport 2017*, Frankfurt 2016.
Rosa, Hartmut: *Resonanz*, Berlin 2016.

Individualisierung

Kurzthese: Individuell sein heißt, punktuellen Anschluss an Gleichgesinnte zu finden.

Der Trend zur Individualisierung wird den Wandel in Wirtschaft und Gesellschaft am nachhaltigsten antreiben. Damit meinen wir die zunehmen-

▷▷▷

de Loslösung der Menschen von vereinheitlichenden sozialen Normen und tradierten Rollenbildern, die von Institutionen wie der Kirche, dem Staat und der bürgerlichen Familie definiert wurden und zuletzt die typischen Lebensformen der Industriegesellschaft prägten. Grundlegender Treiber für den Trend zur Individualisierung ist der Wohlstandszuwachs seit den 1960er-Jahren: Individueller Wohlstand erhöht die Wahlmöglichkeiten und führt zu neuen Freiheiten in der eigenen Lebensweise. Diese neue Kultur der Wahl führt zu einer Ausdifferenzierung von Weltanschauungen, Lebensentwürfen und Konsumgewohnheiten. Menschen im individualisierten Zeitalter lassen sich immer weniger in soziodemografischen Zielgruppen fassen, die in der Regel an Alter, Geschlecht und Bildung oder auch an erweiterten Merkmalen wie Einkommen orientiert sind. Jeder kann heute sein Leben viel stärker nach eigenen Wünschen und persönlichen Vorlieben gestalten, es gibt keine Normalbiografie mehr. Individuelle Selbstbestimmung und Selbstverwirklichung sind die neuen Werte, die in der heutigen Gesellschaft hochgehalten werden. Aus diesem Grund wird ein immer größerer Teil des Marktgeschehens sich in Zukunft nicht mehr an Standards ausrichten, sondern auf individuelle Kundenbedürfnisse zugeschnitten sein müssen.

Weiterführende Informationen:
Zukunftsinstitut (Hg.): *Lebensstile*, Frankfurt 2017.
Zukunftsinstitut (Hg.): »Megatrend Individualisierung«, in: *Megatrend Dokumentation*, Frankfurt 2015.

Wir-Kultur

Kurzthese: Neue Kooperationsformen verändern die Gesellschaft aus der Mitte heraus.

Individualisten sind viel weniger egoistisch, als wir denken – wir alle haben ein Bedürfnis nach Bindung und Wiederverbindung. Jenseits einer auf das Ego fokussierten Ellbogenmentalität entwickeln sich deshalb heute neue Gemeinschaftsstrategien. Sie entsprechen dem Wunsch nach Individualität, Selbstverwirklichung und Unterscheidung von der Masse und erlauben dennoch ein Zugehörigkeitsgefühl: Interessengemeinschaften vereinen Menschen mit »gruppenindividuellen« Bedürfnissen. Vor allem in den Städten entwickeln sich neue Kooperationskulturen, in denen sich der Trend zur Individualisierung mit der Sehnsucht nach Gemeinschaft zu einem empathischen Individualismus verbindet. Beispiel Co-Working: gemeinsame Arbeitsbereiche und Areale für Kreative. Beispiel Co-Gardening: urbanes Gärtnern und Kochen als neues Gemeinschaftserlebnis. Beispiel Co-Housing: »neues Zusammenleben« in professionalisierten Kommunen und genossenschaftlichen Siedlungen (das ist auch ein Reload der WG – ohne Altersbegrenzungen). Menschen pflegen ihre persönliche Wir-Kultur auch in temporären, oft internetbasierten Interessengemeinschaften, in denen es um geistige, kulturelle und politische Aktivitäten geht. So ist das zunehmende soziale Engagement in der Gesellschaft ein »Gemeinschaftswerk der Individualisten«, das die Zukunft deutlich prägen wird.

Weiterführende Informationen:
Rifkin, Jeremy: *Die Null-Grenzkosten-Gesellschaft*, Frankfurt 2014.
Zukunftsinstitut (Hg.): *Die neue Wir-Kultur*, Frankfurt 2015.

Konnektivität

Kurzthese: Die Welt wird zum Dorf für Menschen und Dinge.

Vernetzung schafft Möglichkeiten. Das Internet hat die Konnektivität in der Welt vervielfacht und ist als moderne Kommunikationstechnologie ein riesiges und stetig wachsendes Netzwerk, dem in Zukunft Menschen und Dinge gleichermaßen angehören werden. Immer mehr wird sich der Mensch bewusst, wie mächtig diese Infrastruktur sein kann, wenn er sie konsequent nutzt. Unbelebte werden zu »belebten« Gegenständen, die bald ebenso eigenständig agieren können wie Menschen. Sämtliche Lebens- und Arbeitsbereiche werden digitalisiert. Damit automatisiert der Mensch die Welt, schafft neue Gesellschafts- und Wirtschaftsformen und sich selbst die Chance, neue Freiräume und Freiheiten zu erobern. Denn anders als man gemeinhin denkt, ist der Megatrend Konnektivität kein technologischer Trend, sondern ein gesellschaftlicher, der durch moderne Technologie befördert wird. Die Neuorganisation des Lebens mit Hilfe von digitalen Netzwerken verändert auch die analogen Verbindungen und damit die sozialen Wirkungsnetzwerke der Menschen. Eine neue Kultur der globalen Verbundenheit und Zusammenarbeit entsteht.

Weiterführende Informationen:
Zukunftsinstitut (Hg.): *Generation Global*, Frankfurt 2017.
Zukunftsinstitut (Hg.): »Megatrend Konnektivität«,
in: *Megatrend Dokumentation*, Frankfurt 2015.

New Work und New Leadership

Kurzthese: Die Zukunft der Arbeit sind intellektuelle Affären.

Die Frage, was Führung in Unternehmen künftig bedeutet, erhält in den kommenden Jahren immer größere Bedeutung, denn die Mitarbeiter der Zukunft stellen völlig neue Anforderungen an die Arbeitswelt. Eine neue Generation rückt auf dem Arbeitsmarkt nach, die grundlegend anders sozialisiert wurde. Für sie ist Wissen etwas Externes, das man situativ und kontextbezogen nutzt und dann wieder »ausbucht«, und Projektarbeit ist etwas völlig Natürliches. Sie findet es normal, innerhalb von drei Jahren nicht nur das Team, sondern auch das Unternehmen zu wechseln, um ihren Interessen und ihrer Kreativität Freiraum zu geben. Am Weltgeschehen zu partizipieren ist für die junge Generation völlig selbstverständlich – in einer Zeit, in der die Weltwirtschaft nicht mehr von zwei oder drei großen Playern dominiert wird, sondern längst ein multipolares Spielfeld geworden ist, auf dem Märkte rasend schnell entstehen und zehn Jahre später schon wieder Geschichte sind. Plattformen und Labore, in denen sich kreative Menschen frei und selbstständig bewegen können, sowie hierarchiefreie oder – in etablierten Unternehmen – von Hierarchien befreite Strukturen sind die Antwort auf dieses neue Verständnis von Arbeit. Führung heißt in Zukunft, sichere Rahmenbedingungen zu bieten, innerhalb derer den Mitarbeitern größtmögliche Freiheit gewährt wird.

Weiterführende Informationen:
Veken, Dominic: *Der Sinn des Unternehmens*, Hamburg 2015.
Zukunftsinstitut (Hg.): *Leadership Report 2017*, Frankfurt 2016.

Gesundheit

Kurzthese: Gesundheit wird künftig zunehmend individuell und subjektiv definiert.

Das Gesundheitsbewusstsein in der Gesellschaft nimmt seit Jahren zu. Gesundheit ist nicht mehr nur erstrebenswerter Zustand, sondern auch Lebensziel und Lebenssinn. Die Menschen übernehmen immer mehr Verantwortung für ihre Gesundheit und wissen mehr darüber. Sie informieren sich umfassend über Gesundheitsthemen, vor allem im Internet. Als kulturelle Dimension des modernen Lebens wird Gesundheit immer ganzheitlicher gedacht. Psychische und physische Dimension sind enger verknüpft, Gesundheit und Zufriedenheit verschmelzen in einer zunehmend individuell und subjektiv interpretierten Definition von Gesundheit. Damit treten die Menschen auch dem Gesundheitssystem in einer neuen Rolle gegenüber – selbstbewusst und auf Augenhöhe. Dies wird den Gesundheitsmarkt grundlegend verändern: Aus einem Reparaturbetrieb wird in Zukunft eine dynamische Lebensmedizin werden, bei der es nicht um Norm- und Durchschnittswerte geht, sondern um eine höchst individuelle Betrachtung jedes einzelnen Menschen und eine ebenso präzise Analyse der persönlichen Risikofaktoren und Präventionspotenziale.

Weiterführende Informationen:
Zukunftsinstitut (Hg.): *Health Trends*, Frankfurt 2016.
Zukunftsinstitut (Hg.): »Megatrend Gesundheit«,
in: *Megatrend Dokumentation*, Frankfurt 2015.

Pro Aging

Kurzthese: Ältere werden mit ihrer Erfahrung und Weisheit zu wichtigen Entscheidungsträgern.

Die Menschen werden immer älter, und die älteren Menschen in der Gesellschaft werden immer mehr: Ursache sind eine steigende Lebenserwartung und eine anhaltend niedrige Geburtenrate vor allem in westlichen Ländern wie Deutschland. Diese demografischen Entwicklungen haben eine Angst vor einer Übermacht der Alten, vor einer Überalterung und Vergreisung der Gesellschaft ausgelöst. Aber in Wirklichkeit bleiben die Menschen auch länger gesund als früher. Und so entsteht in diesem verlängerten Leben gerade eine neue Lebensphase, die sich ab dem offiziellen Rentenalter zu entfalten beginnt: Die arbeitsfreie Phase, in der die Menschen noch bei guter Gesundheit sind, verlängert sich zusehends und bietet Raum für Selbstentfaltung und neue Lebensstile im hohen Alter. Die Menschen, die bereits so leben, zeigen: »Alt sein« ist kein Mangelzustand, sondern ein lebenswerter Abschnitt des Lebens, der ebenso frei wie oder gar freier als die Lebenszeit im Erwerbsalter gestaltet werden kann. »Pro Aging« nennen wir die neue und zukunftsweisende Haltung, die dem entspricht. Sie ist ein kulturelles Mindset, welches das Altwerden bejaht und ihm nicht mit Jugendwahn begegnet, sondern mit Freude über mehr Weisheit und Freiheit im Leben.

Weiterführende Informationen:

Schmid, Wilhelm: *Gelassenheit*, Berlin 2014.
Zukunftsinstitut (Hg.): »Megatrend Silver Society«, in: *Megatrend Dokumentation*, Frankfurt 2015.
Zukunftsinstitut (Hg.): *Pro-Aging*, Frankfurt 2016.

Postwachstumsökonomie

Kurzthese: Die neue Wirtschaft wächst nicht mehr, sie reift.

Viele Trends weisen auf eine Stagnation des Wachstums hin. In westlichen Volkswirtschaften drückt sich das bereits klar in Zahlen aus. Gleichzeitig zeigen sich zunehmend die Begrenztheit der natürlichen Ressourcen und die Notwendigkeit, anders zu wirtschaften, um unerwünschte Entwicklungen wie den Klimawandel nicht weiter zu begünstigen. Vom Ende des Wachstums ist daher die Rede. Bei Unternehmen löst das Existenzangst aus. Entwicklung nicht mit Wachstum gleichzusetzen ist in unserer Wirtschaftswelt nur ganz schwer vorstellbar. Doch am Horizont des Diskurses zeichnet sich bereits ein neues Verständnis für erfolgreiches Wirtschaften ab, welches das alte Wachstumsparadigma ablösen wird: Wachstum wird nun nicht mehr gewertet – weder als gut noch als schlecht. Es verliert schlichtweg seine Bedeutung als relevantes Urteil über den Erfolg eines Unternehmens oder einer Volkswirtschaft. Wichtig wird in Zukunft, welche ideellen Werte ein Unternehmen oder eine Volkswirtschaft vertreten und inwiefern sie zur Lebensqualität der Menschen und zur Unversehrtheit der Umwelt beitragen. Auch hier heißt es in Zukunft: Lebensqualität bemisst sich nicht allein am materiellen Wohlstand, sondern an Glück, Wohlbefinden und Zufriedenheit der Menschen.

Weiterführende Informationen:
Braungart, Michael; McDonough, William:
Intelligente Verschwendung, München 2013.
Paech, Niko: *Befreiung vom Überfluss*, München 2012.
Reichel, André: »Wirtschaften jenseits des Wachstums«,
in: *Zukunftsreport 2016*, Frankfurt 2015.

Slow Business

Kurzthese: Entschleunigung erhöht die Qualität von Erlebnissen.

Jahrzehntelang ist der Fortschritt vom Streben nach Beschleunigung bestimmt gewesen: Wer im Wettbewerb halbwegs bestehen will, muss schnell sein, wer siegen will, der Schnellste, so die gängige Überzeugung. Entscheidungen im Management, Reisen, Immobilienprojekte, Innovationsprozesse, kreative Geistesblitze, ganz zu schweigen von den Medien: Dauerte etwas lange oder ließ es lange auf sich warten, war das schlecht. Nach Fast Food kam Fast Fashion und so weiter. Doch allmählich wird klar, dass diese Logik nicht mehr zum Ziel führt. Die Ära, in der das Tempo den Pulsschlag der Ökonomie bestimmt, geht zu Ende. Im neuen Zeitalter ist Schnelligkeit nicht mehr das Maß der Dinge. In vielen Bereichen von Wirtschaft und Gesellschaft macht sich Entschleunigung bemerkbar. Was mit der Slow-Food-Bewegung begann, setzt sich in immer mehr Branchen fort. Mit Slow Architecture werden Gegenentwürfe zu konventionellen Gebäuden realisiert, die schnell errichtet werden und keine umfassenden Nachhaltigkeitskriterien berücksichtigen. Die Verwendung natürlicher Materialien und die Einbettung von Bauten in ihre Umgebung spielen eine entscheidende Rolle. In der Tourismusbranche etabliert sich mit Slow Travel erfolgreich eine neue Form von Genuss- und Erlebnisreisen jenseits von Pauschalurlaub, Massentourismus und Jetset-Mythos. Auch in der Designbranche bewirkt der Slow-Trend einen wirkungsvollen Wandel: Eine wachsende Zahl an

▷▷▷

Konsumenten orientiert sich verstärkt an neuen Qualitätsmaßstäben von Nachhaltigkeit, Individualität, Regionalität und Transparenz.

Weiterführende Informationen:
Kahneman, Daniel: *Schnelles Denken, langsames Denken*, München 2012.
Zukunftsinstitut (Hg.): *Slow Business*, Frankfurt 2016.

KNOPF 3: ZUKUNFTSTHESEN

Die vorgestellten Zukunftsthesen geben Ihnen Anlass, Ihre eigenen Gedanken zur Zukunft Ihres Unternehmens daran zu entwickeln, zu prüfen und zu schärfen. Darum geht es im folgenden Prozessabschnitt, den Sie mit dem Knopf 3 auslösen.

BITTE DRÜCKEN SIE NUN DEN KNOPF 3.

Wählen Sie mindestens drei, gerne auch mehrere der vorangegangenen Thesen aus. Lesen Sie diese und nehmen Sie sich wieder etwas Zeit, um Ihre Gedanken zu erforschen. Führen Sie einen inneren Dialog oder begeben Sie sich erneut in den Dialog mit Ihrem Sparringspartner oder Team, mit dem Sie die Thesen besprechen. Danach formulieren Sie Ihre Gedanken in kurzen Sätzen und füllen damit den Holo-Screen. Insgesamt sollte der Knopf Nummer drei fünfzehn bis zwanzig Gedanken erzeugen.

Ein Hinweis für die Arbeit im Team: Nehmen Sie hierfür am besten ein Smartphone zur Hand und starten Sie die Sprachaufnahme. Dann lesen Sie die These laut vor und gehen im Anschluss daran in den Dialog mit Ihrem Team. So können Sie sich voll und ganz auf das Gespräch konzentrieren. Die Aufzeichnung können Sie sich im Nachgang nochmals anhören und die darin entstandenen Gedanken sodann in kurzen Sätzen in das Buch eintragen. Auch hier sollten fünfzehn bis zwanzig Gedanken formuliert werden.

Holo-Screen zu Knopf 3: Zukunftsthesen

VIER CASES: ZUKUNFTSTHESEN

DIE TANKSTELLENKETTE

Das Team rund um Anton Meier hat sich wenig überraschend dazu entschlossen, über »Mobilität« zu diskutieren. Weil sie primär im ländlichen Raum vertreten sind, haben sie zudem das Thema »Urbanisierung« gewählt. Die »Netzwerkgesellschaft« wurde als dritte These gewählt, weil sie einer der vom Team entwickelten Wildcards entspricht. Die Diskussion rund um die ausgewählten Zukunftsthesen beginnt:

»Also, einerseits können wir sagen, dass das Bedürfnis nach Mobilität zunehmen wird, was uns ja prinzipiell helfen sollte. Aber andererseits sind wir uns wohl einig, was den Einfluss des Automobilsektors angeht: Elektroautos werden den Tankstellenmarkt komplett verändern. Die werden ja auch heute schon auf Supermarkt-Parkplätzen oder in privaten Garagen ›betankt‹. Da stellt sich mir schon die Frage, wer überhaupt noch eine klassische Tankstelle brauchen wird. Selbst wenn wir dazu übergehen, E-Tanksäulen anzubieten, wird das wohl nur eine Minderheit nutzen.«

Diese Aussage kommt von Dieter Renner, dem Marketingleiter. Er ist der dienstälteste Mitarbeiter im Raum, ein alter Haudegen, der sich bislang kaum an der Diskussion beteiligt hat. Mittlerweile wirkt er ähnlich nachdenklich über die zukünftigen Entwicklungen wie die anderen im Team.

»Damit nicht genug«, ergänzt Anton Meier. »Wir müssen auch bedenken, dass wir in erster Linie im ländlichen Raum mit unseren Tankstellen vertreten sind. Wenn wir davon ausgehen, dass in Zukunft die jungen Leute immer häufiger in die Stadt ziehen, wird unser Markt noch kleiner. Und wie schon besprochen, stellt sich grundsätzlich die Frage, ob die Jugend heute überhaupt noch Auto fahren möchte.«

Elektroantriebe, Landflucht und Sharing Economy: Szenarien, die ein düsteres Bild in den Köpfen des Teams erscheinen lassen. Für einen Moment sitzen alle mit gesenkten Häuptern im Raum. Es ist erneut Dieter Renner, der das Schweigen bricht. »Wir hatten auch schon schwere

Zeiten und Zeiten des Wandels zu durchleben«, sagt er mit energischer Stimme, »das ist doch kein Grund, den Kopf in den Sand zu stecken. Aus neuen Situationen ergeben sich immer auch neue Möglichkeiten, nicht nur Probleme.«

Jörg Hauser fällt ihm beinahe ins Wort: »Dieter hat recht! Wir müssen die Entwicklungen auch aus einer positiveren Perspektive betrachten, nicht nur mit dieser Schwarzmalerei. Wir gehen davon aus, dass die Menschen auch in Zukunft mobil sein wollen – ja sogar mehr noch als heute. Auch wenn sie selbst keine Autos besitzen, brauchen sie doch zumindest Zugang zu Sharing-Diensten. Und wo gibt es die denn auf dem Land heute? Das könnte doch eine Nische für uns werden. Quasi der Knotenpunkt für Sharing-Dienste. Und die Autos können natürlich bei uns auch betankt werden!«

»Es ergibt sich auch noch eine andere Nische«, schließt sich ein anderer an. »Mit der Urbanisierung gibt es auch immer weniger örtliche Geschäfte – zum Beispiel für Lebensmittel.«

»Genau so müssen wir denken!«, stimmt Anton Meier zu. »Wir sind ein Ort, den die Menschen kennen, zu dem sie regelmäßig kommen. Wenn wir unser Angebot ausbauen mit Dingen, die die ländliche Bevölkerung heute in Ihrer Umgebung vermisst oder in Zukunft stärker brauchen wird, dann haben wir auch eine Zukunft – Urbanisierung hin oder her.«

DAS IMMOBILIENBÜRO

Rund ums Wohnen waren für die Immobilienentwickler insbesondere die Themen »Hygge« und »Urbanisierung« wichtig. Um sich näher mit der Organisation zu beschäftigen, wurde außerdem »New Work« als Trend ausgewählt.

»Wenn wir uns ansehen, dass die Urbanisierung noch weiter zunehmen wird, dann kann man sagen, dass wir uns auf jeden Fall richtig entschieden haben, uns mit unserem Geschäft auf Städte zu fokussieren.«

»Stimmt. Gleichzeitig werden die Bedürfnisse im Zuge der Individualisierung aber immer unterschiedlicher. Wir sollten unsere Konzepte stärker auf unsere Zielgruppen ausrichten.«

»Und wir sollten die Digitalisierung nicht vergessen. Stichwort Smart Homes.«

Margarete Lang verdreht die Augen. Die Menschen im Raum nicken jede Wortmeldung ab, als ob sie bereits fertige Lösungen wären. Aber genau das ist das Problem, das sie im Unternehmen sieht. Überhastete Behauptungen und Floskeln, die durch den chronischen Zeitmangel nicht hinterfragt werden. Alles funktioniert scheinbar reibungslos. Aber echte Probleme werden damit nicht angesprochen, geschweige denn gelöst. Damit will sie sich nicht zufriedengeben: »Das ist ja alles fein. Aber wir wollen uns doch nicht auf unseren Lorbeeren ausruhen, sondern in die Zukunft blicken! Und da müssen wir uns auch eingestehen, dass Urbanisierung für uns mehr bedeutet als nur den Zuzug in die Stadt. Wir heften uns doch immer an unsere Fahnen, dass wir die Bedürfnisse unserer Kunden ernst nehmen. Ich frage mich: Tun wir das? Ich denke zum Beispiel die ganze Zeit über diesen Hygge-Trend nach. Ich meine nicht, dass wir den richtig auf dem Zettel haben.«

»Die Menschen ziehen sich im Zuge des Hygge-Trends in ihre eigenen vier Wände zurück. Und wir stellen sie ihnen zur Verfügung. Passt doch.«

»Ich denke nicht, dass wir es damit schon verstanden haben. Hygge bedeutet auch einen Rückzug in die Familie, und soziale Kontakte treten in den Vordergrund. Da geht es eben nicht um Digitalisierung, die haben die Menschen ohnehin schon überall um sich herum! Oder reden wir über Individualisierung. Die Menschen machen heute in ihrem Leben ganz unterschiedliche Phasen durch. Eine moderne Wohnung sollte sich diesen unterschiedlichen Phasen anpassen können, nicht einfach nur günstig und *smart* sein. Mich nervt das, dass wir immer nur diese Standardlösungen und Standardantworten haben!«

Stille. Die anderen starren Margarete Lang mit weit aufgerissenen Augen an. Sie ist sehr laut geworden. Dann blicken sie auf Thomas Fährmann, den Gründer des Unternehmens, der seufzend antwortet: »Du hast schon recht. Ich habe auch das Gefühl, dass wir unsere letzten Projekte meist immer nur gerade so fertig bekommen haben. Und ich hatte kaum einmal das Gefühl, dass wir dabei einen großen Wurf gelandet haben. Früher war das einfacher. Früher war das Unternehmen aber auch kleiner, und wir mussten nicht so viele Projekte stemmen.«

Margarete Lang versteht die plötzliche Melancholie bei Thomas Fährmann, sie selbst denkt oft an die »gute alte Zeit« zurück. Und sie möchte dem Meeting nicht diesen negativen Stempel aufdrücken. »Ich kann mir einfach nicht vorstellen, dass wir das verlernt haben sollen. Vielleicht müssen wir uns einfach stärker damit beschäftigen, *wie* wir zusammenarbeiten. Schauen wir uns doch einmal den New-Work-Trend an. Der zeigt einige spannende Perspektiven auf.«

DAS MEDIZINTECHNIKUNTERNEHMEN

Mit Blick auf das Kerngeschäft, die individuelle Zukunftsfrage und den bisherigen Verlauf der Diskussion wurden die Trends »Gesundheit« sowie »Digitale Erleuchtung« ausgewählt. Daneben wurde »New Work« als naheliegendes Thema gewählt – sieht die Gruppe doch an Martin Weiß, wie wichtig es ist, das Unternehmen für jüngere Mitarbeiter attraktiv zu machen.

»Wir haben die Digitalisierung bis jetzt immer nur als rein technisches Phänomen gesehen. Ich denke, dass die Skepsis im Unternehmen zu einem großen Teil daher rührt. Immerhin liest man doch ständig, wie viele Arbeitsplätze in Zukunft von Robotern und künstlichen Intelligenzen ersetzt werden sollen. Ich kann mir gut vorstellen, dass wir uns insgeheim deshalb dagegen gesträubt haben, uns mit der Digitalisierung auseinanderzusetzen. Aber wenn ich mir das Thema der ›digitalen Erleuchtung‹ ansehe, dann merke ich erst, wie wichtig der Mensch in dieser Gleichung ist. Es wird eben nicht so sein, dass der Mensch obsolet wird. Im Gegenteil, wir werden uns wieder auf die grundlegenden Aufgaben besinnen können.«

Manuela Kainz fasst mit dieser Aussage die Diskussion der letzten Stunde zusammen. Es war eine emotionale Diskussion, die von viel Unsicherheit geprägt war. Aber letztendlich war man sich einig: Erst wenn man die Digitalisierung als Freund und nicht als Feind betrachtet, kann man sie annehmen und in die unternehmerische Strategie einbinden. Denn erst dann kann man sich dem Gebiet wirklich öffnen und ein tiefgreifendes Verständnis dafür aufbauen.

Stephan Weiß ergänzt: »Das ist also zunächst vor allem eine kulturelle Frage. Dazu gehört auch, dass wir für jüngere und digitalaffine Mitarbeiter attraktiver werden müssen. Wir sollten deshalb unsere Führungskultur auf den Prüfstand stellen und mehr Raum für hierarchiefreies Arbeiten eröffnen.«

»Gut, dann haben wir ja schon mal eine wichtige Erkenntnis«, erwidert Manuela Kainz. »Der erste Schritt zu einer echten Digitalstrategie. Und wie ich schon gesagt habe – wir sind damit ohnehin schon spät dran. Der Gesundheitsmarkt ist im Wandel. Dass gesunde Lebensstile für die Menschen immer wichtiger werden, ist ja nur ein Aspekt. Wir müssen uns auch eingestehen, dass Prävention dabei immer stärker im Vordergrund steht, nicht mehr nur die Krankheitsdiagnose, der wir uns so sehr verschrieben haben. Und was diese Präventions- und Früherkennungsarbeit angeht, so müssen wir zugeben, dass wir die Möglichkeiten der Vernetzung noch nicht für uns entdeckt haben. Die Menschen sammeln ihre Gesundheitsdaten heute schon zu einem großen Teil selbstständig und ohne uns – über das Handy oder über Smart Watches. Wenn es uns gelingen könnte, diese Daten zu verwenden, hätten wir komplett andere Diagnosemöglichkeiten als heute.«

DAS TELEKOMMUNIKATIONSUNTERNEHMEN

Um den Trendreport zu hinterfragen, wurden bei dem Telekommunikationsunternehmen insbesondere die »Digitale Erleuchtung« und die »Konnektivität« in den Fokus gerückt, weil diese Thesen den stärksten direkten Bezug zur Tätigkeit des Unternehmens aufweisen. Daneben wurde aber auch auf »Achtsamkeit« eingegangen, um einen wichtigen gesellschaftlichen Trend zu berücksichtigen.

»Die ganzen Thesen, die wir besprochen haben, sind vielleicht spannend gewesen, aber helfen können sie uns bestimmt nicht.« Daniel Gänzler, der ein Jahr lang an dem Report gearbeitet hat, will sich seine Arbeit nicht schlechtreden lassen.

»Und wieso meinst du, dass uns diese Thesen nicht helfen können?«, antwortet Sven Jost, Head of Strategy, Initiator sowohl des Reports als auch dieses Meetings, trocken.

»Wir sprechen seit zwei Stunden nur über gesellschaftliche Themen. Aber wir haben noch kaum über technologische Innovationen gesprochen, um die es in unserem Report schließlich geht.«

»Vielleicht ist genau das das Problem. Wir sind zu sehr auf die Technologie fokussiert.«

»Wir sind ein Telekommunikationsunternehmen. Natürlich sind wir auf Technologie fokussiert. Schließlich ist das unser Geschäft!« Allmählich verliert Daniel Gänzler die Geduld mit seinem Chef. Ein Jahr lang schuftet er sich krumm für diesen dummen Report, und nun muss er auch noch diese Tortur über sich ergehen lassen.

»Natürlich sind wir das. Aber wir haben unsere Kunden nicht einfach nur deshalb, weil wir dazu in der Lage sind, besonders großartige Technologien zu produzieren. Unsere Kunden sind bei uns, weil wir ihnen helfen, echte Probleme zu lösen. Und da sprechen wir nicht von technologischen Problemen, sondern von zwischenmenschlichen. Bei der Vernetzung der Gesellschaft geht es ja nicht einfach nur darum, dass heute alle möglichen Informationen aus dem Internet abgerufen werden können. Sondern eben vor allem darum, dass sich reale Menschen vernetzen können. Sie können kommunizieren – und das über Tausende Kilometer hinweg. Das macht die Technologie für den Menschen spannend, nichts anderes.«

»Was heißt das nun für unseren Report?«

»Genau das: Wir müssen den Menschen wieder mitdenken. Das hat mir bis dato gefehlt. Wir dürfen uns nicht nur auf technologische Entwicklungen fokussieren, sondern müssen, wie es in den Zukunftsthesen geschieht, ebenso gesellschaftliche, soziale Entwicklungen in den Blick nehmen. Daraus entstehen die wahren Bedürfnisse!«

Kapitel 5

▷▷▷ Das große Bild

PROLOG: VOR DEM GROSSEN BILD

Mit den ersten drei Knöpfen im Future Room haben Sie Ihre eigenen Zukunftsgedanken und -bilder entwickelt. Nun sind alle Holo-Screens gefüllt. Ich kann mir vorstellen, dass Sie dadurch bereits die eine oder andere neue Einsicht gewonnen haben. Jetzt folgt ein substanzieller weiterer Schritt: Im Future Room strukturieren Sie Ihre notierten Zukunftsgedanken so, dass dabei Zusammenhänge und innere Logiken sichtbar werden. Dafür verwenden Sie einen Translator, ein Übersetzungswerkzeug, den ich Ihnen noch genauer erklären werde. Mit ihm nutzen Sie die Ergebnisse der eben durchlaufenen Phase, um daraus die impliziten Metabeobachtungen der vierten Dimension (siehe Kapitel 2) abzuleiten. Die im Verborgenen liegenden Wirkkräfte werden dabei sichtbar, und Ihr ganz persönliches Future Mindset zeigt sich. Damit schaffen Sie die Basis, von der aus Sie weitere Schritte in die Zukunft unternehmen können.

Diese Basis ist das Big Picture. Ihm liegt eine strukturelle Ordnung zugrunde, mit der Sie Ihr Unternehmen aus ganz neuen Perspektiven kennenlernen werden. Die Übersetzung der gesammelten Zukunftsgedanken in das Big Picture bedarf Ihrer vollen Aufmerksamkeit. Nehmen Sie sich auch für diesen Vorgang ausreichend Zeit. Vor allem, wenn Sie ihn zum ersten Mal ausführen. Sollten Sie den Future Room öfter nutzen, trainieren Sie automatisch Ihre Beobachterqualität, und das Sortieren gelingt Ihnen zunehmend leichter. Nun aber legen wir los: Das Big Picture kann entstehen!

DAS BIG PICTURE

Wie man sich selbst beobachtet

Stellen Sie sich bitte folgende Szene vor: Sie sitzen an einem Tisch und arbeiten an Ihrem Computer. Wie durch ein Wunder werden Sie in die Lage versetzt, eine weitere – ergänzende – Perspektive einnehmen zu können: Sie stehen mit ein paar Metern Abstand neben sich und können von dort aus sowohl sich selbst als auch die Arbeit, die Sie am Computer erledigen, beobachten. In der Theorie nennt man diese Perspektive »Beobachtung zweiter Ordnung«, da man eben nicht auf eine einzige Szene konzentriert ist (das wäre die Beobachtung erster Ordnung), sondern sowohl die Szene als auch den sie beobachtenden Akteur betrachtet.

Indem Sie sich im Future Room selbst in die außergewöhnliche Lage versetzen, sowohl die Zukunft zu beobachten als auch sich selbst bei dieser Beobachtung zu beobachten, erlangen Sie fundamental neue Perspektiven auf Ihr Unternehmen. Sie können dann sowohl Akteur (Beobachter) als auch Gestalter der Zukunft Ihres Unternehmens sein. Wie einmal ein erfolgreicher Unternehmer zu mir sagte: »Ich arbeite ganz viel am und nie im Unternehmen. Sonst frisst mich der Alltag.« Auch wer sich dem Alltag nicht entziehen kann, hat mit dem Knopf Nummer 4 die Möglichkeit, zum Gestalter zu werden und am Unternehmen zu arbeiten.

Der Entwicklung des Big Pictures liegen komplexe und vielschichtige Modelle zugrunde. Damit wird gewährleistet, dass Sie die nötige Distanz zu Ihren Zukunftsgedanken gewinnen können. Dies ermöglicht Ihnen, in die zweite Beobachtungsebene zu wechseln und dadurch die Verbindungen zu erkennen, die Ihr Unternehmen und sein Management zu seinen Kontexten, seiner Umwelt unterhalten. Um dies zu erreichen, werden Sie mit Hilfe des Translators Ihre persönlichen Zukunftsgedanken in bestimmte Felder des Big Pictures, sogenannte Spaces, sortieren (siehe Kapitel 3).

Die Spaces sind unterschiedliche Kontexte, in denen Ihr Unternehmen agiert und die sein Handeln bestimmen. Wenn Sie Ihre Zukunftsgedanken nach diesen Kontexten unterschieden haben, werden Sie sie als ein neues großes Bild wieder zusammenfügen können.

Translator – die Spaces des Big Pictures im Detail

Mit dem Translator können Sie Ihre Zukunftsgedanken den richtigen Spaces zuordnen. Die Spaces, aus denen das Big Picture besteht, entsprechen den Kontexten einer Organisation. Deren Grundlage entstammt der System- und Wirtschaftstheorie. Sie wurde aus den Ergebnissen jahrzehntelanger empirischer Forschung entwickelt. Dies betone ich, um die Relevanz der sich ergebenden Matrix im Big Picture zu unterstreichen. In dieser Matrix ist nichts zufällig angeordnet. Über die letzten Jahre hatte ich zudem die Chance, das Big Picture in unzähligen Future-Room-Sessions methodisch anzuwenden. Es hat sich dort hervorragend bewährt. Das Big Picture ist somit als wesentliches Element des Future Rooms sowohl theoretisch fundiert als auch praktisch erprobt.

	PRODUKT	VERFAHREN & TECHNOLOGIE	ORGANISATION
Was beschreibt der Space?	Alles, was ein Unternehmen als Produkt und/oder Service auf einem zu definierenden Markt anbietet. Alles, was Umsätze bringt.	Die Fähigkeit oder die spezifische Art des Unternehmens, dieses Produkt zu erzeugen und zu vermarkten (das »Wie«). Die technologischen Mittel, welche die Erzeugung des Produktes ermöglichen.	Alles, was dazu führt, dass Entscheidungsverhalten organisiert wird und Strukturen entstehen: Hierarchien, Kultur, Team, Units, Verantwortungsbereiche und Prozessdesign ebenso wie Identität, Stil, Atmosphäre oder Branding. Aber auch Aussagen von führenden Individuen im Unternehmen.
Wie können wir nach diesem Space fragen?	Was bieten wir an?	Wie erzeugen wir unsere Produkte?	Was hält uns zusammen? Wie treffen wir unsere Entscheidungen?

MARKT	WIRTSCHAFT	GESELLSCHAFT	MENSCH
Kunden, Zielgruppen, potenzielle neue Märkte.	Wirtschaftliche und wirtschaftsrechtliche Bedingungen, das wirtschaftliche Grundverständnis, internationale Handelsabkommen. Strukturelle Entwicklungen (Sharing, Social Business ...). Aber auch Kooperationen, direkte Interaktionen zwischen Unternehmen und Staat sowie Förderungen bilden sich in der Wirtschaft ab.	Alle gesellschaftlichen Entwicklungen, national und global, sind hier verortet. Wie überhaupt die Subsysteme der Gesellschaft: Politik, Religion, Bildung, Gesundheit. Auch Mobilität oder Ökologie, soweit diese nicht direkt das Geschäftsfeld des Unternehmens betreffen.	Alles, was den Menschen an sich beschreibt. Also nicht den Kunden – der befindet sich im Markt. Auch nicht gesellschaftliche Trends wie Alterung oder Individualisierung – diese zählen wir zum Space Gesellschaft.
Wer ist unser Kunde? Welche Bedürfnisse erkennen oder wecken wir in der Gesellschaft?	Was sind die wirtschaftlichen Bedingungen? Wie gestaltet sich die Umwelt des Unternehmens?	Wo und wie leben wir?	Was ist der Mensch? Was bewegt den Menschen?

Eine sehr feinfühlige und bewusste Setzung der Unterscheidungen zwischen den Spaces und eine entsprechende Sortierung Ihrer Zukunftsgedanken erlauben es uns, am Ende die wichtigsten Aussagen über die mentale Zukunftsverfasstheit Ihres Unternehmens zu treffen und die richtigen Schlüsse daraus zu ziehen. Für die Entwicklung des Big Pictures aus Ihren Gedanken gilt es deshalb, diese Unterscheidungen im Detail zu kennen. Deshalb sollten Sie sich ausführlicher über die Spaces und deren Inhalt informieren. Die vorhergehende Tabelle gibt Ihnen hierüber detailliert Auskunft. Sie beschreibt den wesentlichen Mechanismus des Translators für Ihr Big Picture.

Innerhalb der Spaces verläuft eine Trennlinie zwischen dem Unternehmen und seiner Umwelt. Sie befindet sich zwischen den Spaces Organisation und Markt. Für die richtige Auffassung der Spaces gilt es zu verstehen, dass es auch bei den externen Spaces immer darum geht, wie Ihr Unternehmen diese beobachtet – welches Bild Sie also vom Markt, der Wirtschaft, der Gesellschaft, dem Menschen haben. Die Spaces sind die Kategorien Ihrer Wahrnehmung, ob Ihr Blick sich nun auf das Unternehmen selbst richtet oder auf seine Umwelt. Auf diese Weise befinden Sie sich alle innerhalb des Unternehmens.

Wie die Spaces aufeinander wirken

Die Anordnung der Spaces entspricht ihrer Wirksamkeit aufeinander. Der innerste Space, das Produkt, ist das Ergebnis aller Operationen im Unternehmen. Das Produkt ist das zentrale Element, auf das sich alle anderen Spaces beziehen. Denn: ohne Produkt kein Unternehmen. Zugleich wirken alle anderen Spaces auf diesen Space ein. Die Verfahren wirken auf die Produkte ein, die Organisation wirkt auf die Verfahren ein und so weiter. Entscheidend ist, zu verstehen, dass die äußeren Spaces eine größere Hebelwirkung auf die inneren Spaces haben. Gleichzeitig weisen die äußeren Spaces aber auch eine größere Trägheit auf. Wenn sich also in der Gesellschaft etwas ändert, wie zum Beispiel durch die Urbanisierung, wird sich dies bei ganz vielen Unternehmen auf ihre Produkte auswirken. Dass ein Produkt eine direkte Wirkung auf alle anderen Bereiche eines Unternehmens hat, ist eher selten. Natürlich gibt es auch das. Wem fällt da nicht der iPod ein, der die Organisation Apple von einem Computer- in ein Lifestyle-Unternehmen verwandelt hat. Ob allerdings das Unternehmen dadurch ein ganz anderes geworden ist, würde ich bezweifeln. Wohl eher ist dem iPod eine Veränderung in der Organisation Apple vorangegangen, und dies hat sich dann als Erfolgsfeedback über das Produkt wieder auf die Organisation ausgewirkt. Für das Verständnis der Spaces ist also die Tatsache maßgeblich, dass in der Regel die äußeren Kontexte die größere Wirkung erzeugen.

Der Einfluss, den das Unternehmen auf die Kontexte ausüben kann, ist selten direkt. Selbstverständlich können Unternehmen ihre Produkte verändern. Das gelingt meist aber nur als Folge einer Kaskade von Eingriffen in die Organisation und die Verfahren. Daher ist es auch oftmals nicht von Erfolg gekrönt, Produkte direkt aus Trends abzuleiten. Man übergeht dadurch die vielen Abhängigkeiten im Unternehmen, und die gewünschten Effekte bleiben oftmals aus. Bei den Spaces außerhalb des Unternehmens, also den Märkten, der Wirtschaft und der Gesellschaft, kommt es eh nicht darauf an, diese direkt zu verändern. Hier zählt einzig die kluge und differenzierte Beobachtung. Also die Frage: Wie beobachten wir diese Spaces, und wie lernen wir, diese Beobachtungen so auf unser Unternehmen zurückzuführen, dass sich Organisation, Verfahren und Produkte zum Besseren verändern?

In einer Managertagung eines Industriekonzerns hat mich einmal ein Geschäftsführer gefragt: »Wie schätzen Sie das als Trendforscher ein: Müssen wir zur Plattform werden?« Spontan habe ich darauf wie folgt reagiert: »Können Sie nachvollziehen, wie sich die Beobachtung des Themas Plattformen in Ihrem Unternehmen etablieren konnte und welche Auswirkung diese Beobachtung in Ihrem Unternehmen hat?« Der Herr war von der Antwort überrascht und vielleicht auch etwas überfordert, was ich durchaus nachvollziehen kann. Dieser Gedanke ist sehr komplex. Aber überlegen wir einmal: Woher weiß der Manager, dass es Plattformen gibt? Vielleicht aus den Medien, der Wirtschaftspresse und/oder aus Gesprächen mit Kollegen. Ferner ist zu fragen, ob diese Beobachtung in der Organisation bereits eine Wirkung hat. Gibt es also schon einen Dialog darüber, vielleicht bereits eine intensivere Diskussion oder sogar schon Modelle? Auch das ist eine wichtige Information. Wie reagiert ein

Unternehmen auf eine gewisse Art der Beobachtung? Stößt es die Information ab und ignoriert sie? Oder lässt die Struktur des Unternehmens diese Information zur produktiven Störung werden und erzeugt eine Adaption – eine Anpassung? Wenn auch vielleicht nur in kleinen Dosierungen? Ohne dies zu wissen, kann ich – selbst als Trendforscher – keine weitere Auskunft geben. Natürlich sind Plattformen ein relevanter Bestandteil der Wirtschaft der Zukunft. Aber ob ein spezifisches Unternehmen gut beraten wäre, sich entsprechend zu wandeln, kann ich von außen nicht beurteilen. Dafür braucht es einen tiefen Blick in das Unternehmen und seine Zukunftsverfasstheit – einen Blick, wie wir ihn im Future Room erhalten.

Eine letzte Anmerkung zu den Spaces: Oftmals werde ich gefragt, warum in deren Anordnung ausgerechnet der Mensch an äußerster Stelle steht. Nun, die Antwort darauf ist sehr einfach: Jede Gesellschaft bildet sich aus Menschen. Ändert sich etwas beim Menschen, hat dies Auswirkungen auf Ihr gesamtes Unternehmen. Wenn Menschen älter werden, dann müssen Unternehmen langfristig mit all ihrem Tun darauf reagieren. Würde aus dem Menschen ein Cyberwesen, so würde sich alles, was an Spaces davor kommt, radikal verändern. Es ist also der Mensch, der in dem Modell nicht im Mittelpunkt, sondern am längsten Hebel sitzt. Explizit nicht gemeint ist in dem Space »Mensch« der Kunde. Denn Menschen werden erst durch Unternehmen in Kategorien wie Kunden oder Mitarbeiter eingeteilt. Alles, was mit dem Kunden zu tun hat, gehört in den Space »Markt«. Der Mensch bleibt Mensch.

Wie der Knopf 4 funktioniert

Wenn Sie gleich den Knopf Nummer 4 betätigen werden, dann werden Sie Ihre Zukunftsgedanken aus den Holo-Screens in das Big Picture übertragen. Dabei müssen Sie sich bei jedem einzelnen Gedanken fragen: Welchem Space gehört dieser an, welcher Kontext ist gemeint? Seien Sie dabei sehr eindeutig. Wenden Sie einen Gedanken nie auf zwei oder mehrere Spaces an. Wenn Sie sich nicht ganz sicher sind, wie die Zuordnung geschehen sollte, fragen Sie sich: Was meine ich mit dieser Aussage vor allem? Was ist wirklich ihr Kern? Diese Frage können Sie besser beantworten als jeder Außenstehende. Denken Sie dabei daran, sich in die Beobachterrolle zweiter Ordnung zu begeben, und seien Sie kritisch und ehrlich mit sich selbst. Nehmen wir das konkrete Beispiel eines Gedankens aus einem Future Room: »Wir müssen einfach mehr für die Ausbildung von Mitarbeitern tun.« In dem Dialog, aus dem der Gedanke stammte, war klar, dass es sich um eine Aussage handelte, die in den Space Organisation gehört. Da diese Einordnung offensichtlich als zu selbstkritisch empfunden wurde, machte das Team den Gedanken zu einer allgemeinen Aussage und ordnete ihn dem Space Wirtschaft zu: »Mit ›wir‹ haben wir die Wirtschaft gemeint, nicht uns selbst.« Wenn Sie in der zweiten Beobachterposition sind, können Sie diesen Vorgang beobachten. Sie erkennen dann: »Aha, da wollen wir uns selbst belügen. Wir haben den Gedanken eindeutig auf uns bezogen. Jetzt wollen wir ihn von uns wegschieben.« Damit der Future Room wirkt, braucht es die Coolness und Besonnenheit der Distanz. Nehmen Sie die Aussagen, wie Sie diese gemeint haben. Zum Schluss sollten dann alle bereits entwickelten und festgehaltenen Gedanken je einem Space zugeordnet sein.

Ehe Sie beginnen, Ihr Big Picture zu erstellen, sollen unsere vier Cases Ihnen nützliche Hinweise für die Einordnung der Zukunftsgedanken geben. Auch in den vier Unternehmen aus den Cases wurden die in den Dialogen entwickelten Zukunftsgedanken, deren Entstehung Sie mitverfolgen konnten, in die Spaces sortiert. Daran können Sie sich orientieren.

VIER CASES: BIG PICTURE

Unsere Beispielunternehmen haben sich darangemacht, ihre Aussagen zuzuordnen. Im Folgenden sehen Sie das Ergebnis. In dieser Darstellung finden Sie dieselben Aussagen wie in den beschriebenen Diskussionen zuvor, ergänzt um ausgewählte zusätzliche Aussagen. Die Diskussionen dauerten in der Realität nämlich oft noch weit länger und wurden noch diverser geführt als hier im Buch dargestellt.

PRODUKT	VERFAHREN & TECHNOLOGIE	ORGANISATION
Selbst wenn wir dazu übergehen, E-Tanksäulen anzubieten, wird das wohl nur eine Minderheit nutzen.	Also, jetzt im Moment beschäftigen wir uns mit der Zukunft des Unternehmens, würde ich sagen. Aber davon abgesehen bin ich zumeist mit operativen Themen beschäftigt.	Aber natürlich ist es eine wichtige Frage, wohin wir uns als Unternehmen entwickeln werden.
Auch wenn sie selbst keine Autos besitzen, brauchen sie doch zumindest Zugang zu Sharing-Diensten. Und wo gibt es die denn auf dem Land heute? Das könnte doch eine Nische für uns werden. Quasi der Knotenpunkt für Sharing-Dienste. Und die Autos können natürlich bei uns auch betankt werden!	Ja, ich bin wohl auch zum größten Teil mit operativen Themen beschäftigt.	Ich denke, wir dürfen nicht vergessen, wo wir herkommen.
Genau so müssen wir denken! Wir sind ein Ort, den die Menschen kennen, zu dem sie regelmäßig kommen. Wenn wir unser Angebot ausbauen mit Dingen, die die ländliche Bevölkerung heute in ihrer Umgebung vermisst oder in Zukunft stärker brauchen wird, dann haben wir auch eine Zukunft – Urbanisierung hin oder her.		Und genau dafür sind wir hier. Denn was mich im Moment als Geschäftsführer am meisten beschäftigt, ist die Frage, wie wir das Unternehmen heute ausrichten müssen, um morgen erfolgreich zu sein.

MARKT	WIRTSCHAFT	GESELLSCHAFT	MENSCH
Wenn man sich die Entwicklung von alternativen Antriebstechnologien ansieht, gerade die Elektroautos, da tut sich schon was. Welche Auswirkungen hat das auf uns?	Tesla ist bereits Marktführer in den USA, was Oberklasse-Modelle angeht. Ich denke nicht, dass es sich hier noch um ein schwaches Signal handelt. Was die Entwicklung zu E-Autos hin angeht, sind wir uns ja ohnehin einig.	Ich meine, als ich mit 20 Jahren mein erstes Auto bekommen habe, war das für mich das Größte. Ich habe es gehütet wie meinen Augapfel. Und heute sind Menschen in diesem Alter oft gar nicht mehr interessiert daran, ein eigenes Auto zu besitzen.	Eine Sache wird sich bei Menschen nie ändern – das Sicherheitsbedürfnis, das wird sich sogar noch steigern.
Genau. Und welche Märkte ergeben sich dadurch?	Welche Industriemärkte lassen sich beliefern?	Diese ganze Entwicklung mit der Netzwerkgesellschaft und der Sharing Economy …	Leute wollen von A nach B kommen.
Was wäre denn, wenn die Leute in Zukunft einfach keine eigenen Autos mehr besitzen wollen? Dann müssten sie auch nicht mehr bei uns tanken. Egal, ob Benzin, Diesel oder Strom.	Der Einzelhandel wird aussterben. Tankstellen wird es noch brauchen. Handwerk und Dienstleistungen wird es weiter brauchen. Darin müssen wir uns etablieren.	In meiner Generation war es noch wichtig, sich etwas aufzubauen, sich Sicherheit zu schaffen. Heute ist es den Leuten nicht mehr so wichtig, etwas zu besitzen. Da wird auch die Zahl der Autos abnehmen mit diesen Sharing-Diensten.	Menschen wollen mobil sein.

DIE TANKSTELLENKETTE

PRODUKT	VERFAHREN & TECHNOLOGIE	ORGANISATION
Tankstelle zum Tante-Emma-Laden ausweiten		Da bin ich in Rente!
Tankstelle als Hub für andere Unternehmen		Genau, da interessiert mich nur noch mein Rasen zu Hause!
Das ländliche Dienstleistungszentrum		Oder wohin ich in den Urlaub fahre!
		Also wenn das wirklich so läuft, haben wir eine düstere Zukunft vor uns ...

MARKT

Aber andererseits sind wir uns wohl einig, was den Einfluss des Automobilsektors angeht: Elektroautos werden den Tankstellenmarkt komplett verändern. Die werden ja auch heute schon auf Supermarkt-Parkplätzen oder in privaten Garagen »betankt«.

Da stellt sich mir schon die Frage, wer überhaupt noch eine klassische Tankstelle brauchen wird.

Wir müssen auch bedenken, dass wir in erster Linie im ländlichen Raum mit unseren Tankstellen vertreten sind. Wenn wir davon ausgehen, dass in Zukunft die jungen Leute immer häufiger in die Stadt …

Tanken wird sich reduzieren.

Wenn Tankstellen aus der Stadt zurückweichen, bekommen wir auf dem Land mehr Wettbewerb.

WIRTSCHAFT

Es gibt Gemeinden, die keinen Bäcker, Fleischer und so weiter mehr im Ort haben.

Tankstellen werden in der Stadt zurückgedrängt.

Es wird nicht mehr wichtig sein, alles zu haben, sondern die eigene Freiheit wird im Vordergrund stehen.

Es ergibt sich noch eine andere Nische. Mit der Urbanisierung gibt es auch immer weniger örtliche Geschäfte – zum Beispiel für Lebensmittel.

GESELLSCHAFT

Also, einerseits können wir sagen, dass das Bedürfnis nach Mobilität zunehmen wird, was uns ja prinzipiell helfen sollte.

Wir gehen davon aus, dass die Menschen auch in Zukunft mobil sein wollen – ja sogar mehr noch als heute.

Und wie schon besprochen, stellt sich grundsätzlich die Frage, ob die Jugend heute überhaupt noch Auto fahren möchte.

MENSCH

Manche Menschen leben lieber auf dem Land.

DAS IMMOBILIENBÜRO

PRODUKT	VERFAHREN & TECHNOLOGIE	ORGANISATION
Wenn wir uns ansehen, dass die Urbanisierung noch weiter zunehmen wird, dann kann man sagen, dass wir uns auf jeden Fall richtig entschieden haben, uns mit unserem Geschäft auf Städte zu fokussieren.	Projekte auf Schiene bringen	Ich finde, wir müssen es schaffen, dass die Mitarbeiter im Unternehmen besser darüber informiert sind, was in den unterschiedlichen Teams passiert. Dann können wir uns auch besser absprechen.
	Effizienter werden	Das denke ich auch. Wir haben schließlich viele neue Mitarbeiter, die sich erst so richtig einfinden müssen. Letztes Jahr waren wir noch acht Personen, heute sind wir über dreißig. Das führt dazu, dass wir uns aktuell zu sehr mit uns selbst beschäftigen.
	Prioritäten besser setzen	Aber das braucht es doch! Wir haben immer noch kein klares System, keine Struktur. Alles funktioniert irgendwie, aber wir wissen eigentlich nicht, wieso.
	Wir haben uns immer gerühmt, anders als die anderen Immobilienentwickler zu sein. Dass wir uns die Zeit nehmen, um ein Projekt von allen Seiten zu betrachten, die Kundenwünsche wirklich ernst zu nehmen und wirklich innovative Konzepte zu liefern.	Das kommt darauf an, würde ich sagen. Wenn wir es schaffen, mit unserem Wachstum umzugehen, können wir noch weiter wachsen.
	Ich habe auch das Gefühl, dass wir unsere letzten Projekte meist immer nur gerade so fertig bekommen haben.	Wenn wir den Kunden auch in Zukunft verstehen wollen, müssen wir aber umso stärker versuchen, die kreativen Potenziale von allen Mitarbeitern zu nutzen.

MARKT	WIRTSCHAFT	GESELLSCHAFT	MENSCH
Aber nur, wenn wir es auch schaffen, die Bedürfnisse der Kunden auch in Zukunft zu verstehen.	Der Immobilienmarkt wird nicht einfacher – höhere Ansprüche, aber gleichzeitig das Problem, dass Preise trotz Platzmangels niedrig gehalten werden müssen.	Gleichzeitig werden die Bedürfnisse im Zuge der Individualisierung aber immer unterschiedlicher.	Menschen wollten sich schon immer geborgen fühlen.
Aber irgendwann wird der Punkt kommen, an dem unsere Kunden unsere Konzepte nicht mehr von denen der anderen Agenturen werden unterscheiden können. Dann werden wir beliebig sein.	Und dann werden wir auch nicht mehr so erfolgreich sein, weil sich neue, ambitionierte Player am Markt befinden. Und die wollen wirklich innovative Konzepte entwickeln.	Und da müssen wir uns auch eingestehen, dass »Urbanisierung« für uns mehr bedeutet als nur den Zuzug in die Stadt.	Dieses Bedürfnis wird sich auch nicht ändern.
Wir sollten unsere Konzepte stärker auf unsere Zielgruppen ausrichten.	Und wir sollten die Digitalisierung nicht vergessen. Stichwort »Smart Homes«.	In Städten werden heute ja zunehmend auch »ländliche Viertel« errichtet.	Der Mensch ist eben ein soziales Wesen. Da braucht es Möglichkeiten zur Begegnung.
Da geht es eben nicht um Digitalisierung, die haben die Menschen ohnehin schon überall um sich herum!	Die Menschen ziehen sich im Zuge des Hygge-Trends in ihre eigenen vier Wände zurück.	Da gibt es ja auch die Bewegung des »Urban Farming«.	Der Mensch sehnt sich auch nach Stabilität, er will sich auf etwas verlassen können.
Oder reden wir über Individualisierung. Die Menschen machen heute in ihrem Leben ganz unterschiedliche Phasen durch. Eine moderne Wohnung sollte sich diesen unterschiedlichen Phasen anpassen können, nicht einfach nur günstig und »smart« sein!	Hygge bedeutet auch einen Rückzug in die Familie, und soziale Kontakte treten in den Vordergrund.		

PRODUKT	VERFAHREN & TECHNOLOGIE	ORGANISATION
	Vielleicht müssen wir uns einfach stärker damit beschäftigen, wie wir zusammenarbeiten.	Aber es scheint doch zu funktionieren. Wir haben ein extrem erfolgreiches Geschäftsjahr hinter uns. Wie es aussieht, haben wir bis Ende des Jahres bereits dreimal so viele Angestellte wie noch vor zwei Jahren, und wir sind schon jetzt für die nächsten eineinhalb Jahre mit Projekten ausgelastet. Für die wird der finanzielle Erfolg sekundär sein. Genau wie bei uns früher. Und gerade deshalb werden diese Agenturen dann erfolgreich sein. Und wir werden langsam in der Versenkung verschwinden. Denn dann sind wir vielleicht ein Unternehmen mit 300 Mitarbeitern. Und wie sollen wir dann lernen, wieder richtig kreativ zu sein, wenn wir es jetzt mit 30 Mitarbeitern schon nicht mehr zustande bringen? Wir heften uns doch immer an unsere Fahnen, dass wir die Bedürfnisse unserer Kunden ernst nehmen. Ich frage mich: Tun wir das? Früher war das einfacher. Früher war das Unternehmen aber auch kleiner, und wir mussten nicht so viele Projekte stemmen.

MARKT	WIRTSCHAFT	GESELLSCHAFT	MENSCH

PRODUKT	VERFAHREN & TECHNOLOGIE	ORGANISATION
Aber wenn wir die Ärzte nicht mehr als Mittelsmänner brauchen, könnten wir auch die Patienten direkt bedienen.	Ich bin heute vor allem damit beschäftigt, die Verkaufsziele zu erreichen. Jetzt haben wir es einigermaßen geschafft, den Ärzten den Nutzen unserer letzten Entwicklung klarzumachen, und wir wollen uns schon wieder neue Probleme machen.	Das heißt auch, dass wir die bekannten Pfade zum Teil verlassen müssen.
Na ja, anstatt Krankenhäuser mit unseren Geräten zu beliefern, könnten wir unsere eigenen Diagnosezentren eröffnen. Mit Spezialisten, die die Geräte bedienen und die Patienten beraten. Aber wir bräuchten keine klassischen Ärzte und könnten, wie gesagt, die Mittelsmänner umgehen.	Aktuell haben wir keinen direkten Kontakt zu unseren »Endkunden«. Den müssten wir erst herstellen.	Dazu gehört auch, dass wir für jüngere und digitalaffine Mitarbeiter attraktiver werden müssen. Wir sollten deshalb unsere Führungskultur auf den Prüfstand stellen und mehr Raum für hierarchiefreies Arbeiten eröffnen.

MARKT	WIRTSCHAFT	GESELLSCHAFT	MENSCH
Also, eine Entwicklung, die ich in letzter Zeit immer öfter beobachte, ist, dass unsere Käufer sich nicht mehr so einfach mit der technischen Qualität unserer Produkte zufriedengeben. Zum ersten Mal, seit ich hier arbeite, erlebe ich, dass unsere Käufer mit den Bedürfnissen ihrer Kunden zu uns kommen. Krankenhäusern geht es dann nicht mehr nur um die Meinung der Ärzte, sondern auch darum, wie es den Patienten mit den Geräten geht. Das ist völlig neu. Und wenn sich das so fortsetzt, dann müssen auch wir uns verstärkt mit den Patienten auseinandersetzen.	Die Medizin wird immer individueller, da können wir nicht mehr so denken wie früher.		
Stimmt. Wenn man das weiterdenkt steigt also die Bedeutung der Patienten für unsere Entwicklung und die der Krankenhäuser als Akteure nimmt relativ dazu ab.	Ja, das Gesundheitswesen ist im Wandel begriffen. Da müssen wir uns auf einige neue Gegebenheiten einstellen.		

DAS MEDIZINTECHNIKUNTERNEHMEN

PRODUKT	VERFAHREN & TECHNOLOGIE	ORGANISATION
Nun, das wäre ein vollkommen neues Spiel … Plötzlich sind wir dann nicht mehr nur Produzent, sondern auch Dienstleister.	Ich denke nicht, dass uns hier Big Data wirklich weiterhelfen könnte.	Aber es ist ja nicht so, dass es uns heute schlecht ginge. Ganz im Gegenteil. Und wie heißt es so schön: »If it ain't broke, don't fix it.«
Und was diese Präventions- und Früherkennungsarbeit angeht, so müssen wir zugeben, dass wir die Möglichkeiten der Vernetzung noch nicht für uns entdeckt haben. Die Menschen sammeln ihre Gesundheitsdaten heute schon zu einem großen Teil selbstständig und ohne uns – über das Handy oder über Smart Watches. Wenn es uns gelingen könnte, diese Daten zu verwenden, hätten wir komplett andere Diagnosemöglichkeiten als heute.		Und ich meine auch, dass wir deshalb lernen müssen, mit den Möglichkeiten der Digitalisierung umzugehen. Da ergeben sich komplett neue Möglichkeiten.

MARKT	WIRTSCHAFT	GESELLSCHAFT	MENSCH
Hm ... Wenn wir sagen, dass Roboter in der Medizin in Zukunft eine größere Rolle spielen werden, dann könnte man ja auch sagen, dass Ärzte aus der Sicht der Patienten eine geringere Rolle spielen werden.	Also ich bin mir ziemlich sicher, dass wir neue Wettbewerber bekommen. Google oder Apple, diese Tech-Konzerne. Die haben halt riesige Datenmengen.		
Dann würde uns aber auch ein Gutteil der Kunden abhandenkommen.	Das denke ich auch, Big Data und künstliche Intelligenz werden sicher auch in der Medizin Einzug halten.		
Der Gesundheitsmarkt ist im Wandel. Dass gesunde Lebensstile für die Menschen immer wichtiger werden, ist ja nur ein Aspekt. Wir müssen uns auch eingestehen, dass Prävention dabei immer stärker im Vordergrund steht, nicht mehr nur die Krankheitsdiagnose, der wir uns so sehr verschrieben haben.	Wenn eine Diagnose vollständig von einer Maschine erledigt werden kann, braucht es viele Ärzte in der heutigen Form vermutlich überhaupt nicht mehr.		

DAS MEDIZINTECHNIKUNTERNEHMEN

PRODUKT	VERFAHREN & TECHNOLOGIE	ORGANISATION

MARKT	WIRTSCHAFT	GESELLSCHAFT	MENSCH
	Allerdings muss man durchaus sagen, dass sich unsere Konkurrenz bereits dazu bereit macht, mit der Digitalisierung umzugehen. Da könnten harte Zeiten auf uns zukommen. Und nicht nur die bekannte Konkurrenz, sondern auch neue. Plötzlich wollen die Tech-Riesen wie Google oder Apple auf den Gesundheitsmarkt. Die wissen eben, dass hier in den nächsten Jahren viel Geld zu holen sein wird. Ja, die Konkurrenz wird in Zukunft jedenfalls bestimmt nicht kleiner werden. Das beschäftigt mich auch. Wir müssen unsere Gegenspieler schon ganz genau im Auge behalten, wenn wir nicht den Anschluss verlieren wollen. Nun, um an das Gesagte anzuknüpfen: Ich befürchte, dass wir dann den bereits erwähnten Tech-Giganten hinterherlaufen werden. Und dafür müssen wir lernen, zu denken wie unsere zukünftigen Konkurrenten. Wir müssen so denken, wie Google denkt. Das wird uns in fünfzehn Jahren beschäftigen Ich kann mir aber auch gut vorstellen, dass wir in fünfzehn Jahren neue Kooperationen eingehen müssen mit heutigen Konkurrenten. Oder wir werden aufgekauft von einem dieser besagten Riesen.		

PRODUKT	VERFAHREN & TECHNOLOGIE	ORGANISATION
Wir sind ein Telekommunikationsunternehmen. Natürlich sind wir auf Technologie fokussiert. Schließlich ist das unser Geschäft!	Wie kommen wir in die Gänge?	Wir sind mittlerweile ja schon so etwas wie ein »Dinosaurier« in der Branche. Und wir sind halt auch ein wenig behäbig geworden.
Wir brauchen zukunftsfähige Angebote.	Wir sprechen seit zwei Stunden nur über gesellschaftliche Themen. Aber wir haben noch kaum über technologische Innovationen gesprochen, um die es in unserem Report schließlich geht.	Die Leute sehen zu wenig Handlungsbedarf, um etwas zu ändern.

MARKT	WIRTSCHAFT	GESELLSCHAFT	MENSCH
Aber wir haben unsere Kunden nicht einfach nur deshalb, weil wir dazu in der Lage sind, besonders großartige Technologien zu produzieren. Unsere Kunden sind bei uns, weil wir ihnen helfen, echte Probleme zu lösen. Und da sprechen wir nicht von technologischen Problemen, sondern von zwischenmenschlichen.	Wir haben ja aktuell keine ernst zu nehmende Konkurrenz.	Ja, sie wollte gar nicht mehr aufhören! Welche Musik ich früher hörte, wie so ein Plattenspieler eigentlich funktioniert und welche Marke ich ihr empfehlen könne. Nach Walkman, iPod und Spotify jetzt also zurück zum Plattenspieler – ist das nicht irre?	
Die Kaufkraft der Älteren geht immer weiter zurück.	Bei der Vernetzung der Gesellschaft geht es ja nicht einfach nur darum, dass heute alle möglichen Informationen aus dem Internet abgerufen werden können. Sondern eben vor allem darum, dass sich reale Menschen vernetzen können. Sie können kommunizieren – und das über Tausende Kilometer hinweg. Das macht die Technologie für den Menschen spannend, nichts anderes.		

PRODUKT	VERFAHREN & TECHNOLOGIE	ORGANISATION
Ja, aber wie könnten zukunftsfähige Angebote aussehen?	Vielleicht ist genau das das Problem. Wir sind zu sehr auf die Technologie fokussiert.	Wir müssen es schaffen, das Silodenken im Unternehmen aufzubrechen. An einem Strang ziehen und dabei neue Ideen entstehen lassen.
Haben wir bei unseren Produkten einen Trend verschlafen?	Wie kommen wir von den Daten zum Angebot?	Ich bin jetzt bereits seit dreißig Jahren im Konzern. Ich will nicht sagen, dass sich nichts bewegt, aber wir drehen immer wieder dieselben Kreise.
	Es stellt sich auch die Frage, wie wir zu Trenderkenntnis kommen können.	Wenn wir in fünfzehn Jahren noch die gleichen Probleme haben, liegt es vielleicht daran, dass wir heute die falschen Fragen stellen.
	Wir sollten unsere Zielgruppen nach Lebensphasen unterteilen.	Genau das: Wir müssen den Menschen wieder mitdenken.
		Wir dürfen uns nicht nur auf technologische Entwicklungen fokussieren, sondern müssen, wie es in den Zukunftsthesen geschieht, ebenso gesellschaftliche, soziale Entwicklungen in den Blick nehmen. Daraus entstehen die wahren Bedürfnisse!

MARKT	WIRTSCHAFT	GESELLSCHAFT	MENSCH
Vor kurzem waren meine Schwester und ihre Tochter, also meine Nichte, bei mir zu Gast. Ich habe eigentlich erwartet, dass die junge Dame mit ihren vierzehn Jahren ständig auf ihr Handy glotzen wird. So ein ähnliches Erlebnis hatte ich auch vor kurzem. Mein Sohn hatte einige seiner Kumpels zu Gast. Die haben jetzt für sich die Regel, dass sie alle ihr Handy in einen Behälter, einen Korb oder etwas in der Art, legen, wenn sie sich treffen. Derjenige, der doch einen Blick drauf wirft, muss dann eine Runde zahlen, wenn sie das nächste Mal gemeinsam ausgehen. Verbringen junge Menschen etwa nicht mehr so viel Zeit mit dem Handy wie vor zwei, drei Jahren?	Die Konkurrenz setzt vollständig auf die Digitalisierung, das ist doch ein Zeichen! Dass die Konkurrenz vollständig auf Digitalisierung setzt, kann uns auch eine Nische eröffnen.		

KNOPF 4: BIG PICTURE

Nachdem Sie nun die grundsätzlichen Regeln der Zuordnung zu Spaces kennengelernt haben, sind Sie gut vorbereitet.

DRÜCKEN SIE DEN KNOPF 4, UND DAS BIG PICTURE ENTSTEHT!

Betrachten Sie Ihre gefüllten Holo-Screens und entnehmen Sie ihnen einen Gedanken nach dem anderen. Überlegen Sie: In welchen Space gehört dieser Gedanke? Dann tragen Sie den Gedanken in dem entsprechenden Space im Big Picture ein. Wiederholen Sie diesen Vorgang, bis Sie alle Gedanken übertragen haben. Wenn Sie wollen, können Sie die Zukunftsgedanken auch verkürzt wiedergeben, also in einem Wort oder einem kürzeren Satz. Die Übertragung sowie die weitere Bearbeitung könnten Ihnen dadurch womöglich leichter fallen. Es gibt hierfür aber keine verpflichtende Vorgabe.

Ein Hinweis für die Arbeit im Team: Hier gilt genau dieselbe Vorgehensweise. Sprechen Sie gemeinsam darüber, was in welchen Space gehört, und übertragen Sie die einzelnen Gedanken.

Holo-Screen zu Knopf 4: Big Picture

PRODUKT	VERFAHREN & TECHNOLOGIE	ORGANISATION

MARKT	WIRTSCHAFT	GESELLSCHAFT	MENSCH

Gratulation! Das Übertragen der Gedanken ist ein großer Schritt, den Sie nun erfolgreich bewältigt haben. Jetzt haben Sie Ihr Big Picture vor sich. Im Anschluss können Sie daraus bereits die ersten Analysen ableiten.

Kapitel 6

▷▷▷ Die Freisetzung der verborgenen Kräfte

Ihr Big Picture ist entwickelt und liegt vor Ihnen. Nun beschäftigen wir uns mit den Konsequenzen, die sich daraus für die Zukunft Ihres Unternehmens ergeben. In dem Big Picture ist schon alles enthalten, was Sie benötigen, um diese Konsequenzen zu erkennen. Sie lernen jetzt, das Bild richtig zu lesen. Dafür gebe ich Ihnen einen weiteren Translator an die Hand. Er übersetzt die Aussagen des Big Pictures in erste Konsequenzen. Als abschließendes Ergebnis aller Analysen werden Sie dann im letzten Schritt vier konkrete Konsequenzen für Ihr Handeln in der Gegenwart formulieren.

DAS RICHTIGE TUN – MIT AUGENMASS

Den Begriff der Konsequenz verwende ich sehr bewusst. Er stammt vom lateinischen Begriff *consequi* ab, den man mit »folgen« oder »erreichen« übersetzen kann. Eine Konsequenz ist also eine Folge, und gleichzeitig beinhaltet sie das Ankommen. Man hat etwas erreicht. Wenn wir das Big Picture richtig lesen, ergeben sich daraus klare Konsequenzen. Also zwingende Folgen, um anzukommen – in der Zukunft.

Auch die Einschränkung auf vier abschließende Konsequenzen ist sehr bewusst gewählt. Denn die Zukunft ist von einer Vielzahl an Optionen und Möglichkeiten geprägt, und unsere Zukunftsbilder oder die Trends machen uns dieses riesige Spektrum bewusst. In der Gegenwart können wir aber nur handeln, indem wir eines nach dem anderen tun. Auch in unserer komplexer gewordenen Welt, in der so vieles gleichzeitig geschieht, ändert sich das nicht: Als Menschen können wir immer nur eine Sache zu einem Zeitpunkt tun. Schritt für Schritt. Jeder Schritt sollte wohlbedacht sein, damit er uns unserem Ziel wirklich näher bringt und wir nicht in eine falsche Richtung gehen oder ins Stolpern geraten. Es ist deshalb sinnvoll, nicht zu viele Schritte im Voraus zu planen.

Dies mag vielleicht langweilig wirken oder als nicht ausreichend empfunden werden. Speziell in Unternehmen erlebe ich das oft, zum Beispiel bei der Besprechung des Big Pictures für ein großes deutsches Technologie-Unternehmen. Die anwesenden Führungskräfte waren auf den ersten Blick enttäuscht: »Was, nur vier Punkte, die unsere Zukunft zusammenfassen?« Der Alltag in den meisten Unternehmen ist davon geprägt, dauernd viel mehr vorzuhaben, als möglich ist. Das ist ja auch nur zu verständlich: Immer und überall erwarten uns neue Aufgaben, neue Entdeckungen und Möglichkeiten verlocken uns, neue Gefahren fordern uns heraus. Wir haben uns daran so sehr gewöhnt, dass wir es für richtig und wichtig erachten, ständig viel zu tun zu haben und uns keine Zeit zu lassen.

Wenn es um die Zukunft geht, ist eine Überfrachtung durch zu viele Aufgaben und zu viel Eile aber nicht zielführend. Denn hier gilt das Gesetz des Potenzials. Die Zukunft ist immer potenziell, also nie wirklich vorhanden oder »schon da«. Potenziale kann man erkennen und entfalten, aber nicht erzwingen. Wenn man einen Samen sät, dann hilft man ihm nicht beim Wachsen, indem man ihn alle zwei Stunden gießt. »Das Gras wächst auch nicht schneller, wenn man daran zieht«, lautet ein altes Sprichwort. Zukunft braucht Zeit.

DIE KRAFT DES HEBELS

Der Future Room gibt uns in Hinsicht auf die Zukunft viele Möglichkeiten und einen großen Gestaltungsraum, weil unser hier entwickeltes Bild der Zukunft sehr umfassend und nicht kurzfristig ist. Sobald wir aber mit einem weniger umfassenden und kurzfristigeren Bild der Zukunft agieren, ändert sich dies: Der Möglichkeitsraum wird kleiner, und um etwas zu ändern, steht uns eine kürzere Zeit zur Verfügung, unser Aufwand wird also größer. Daraus entstehen Hektik und Übereifer. Unser Alltag ist geprägt von diesem kurzfristigen Zukunftsdenken.

Im Future Room hingegen bekommen wir die Zukunft auf eine umfassende und weitreichende Weise in den Blick. Deshalb können unsere Konsequenzen eine große Kraft entwickeln. Unser großer Vorteil dabei ist die Hebelwirkung: Die Konsequenzen aus dem Big Picture erlauben es uns, im Hier und Jetzt mit verhältnismäßig wenig Aufwand viel für unsere Zukunft zu bewegen. In der Auswertung des Big Pictures werden wir die richtigen Hebelwirkungen erkennen. Damit werden wir starke Konsequenzen entwickeln – und die Zukunft kann kommen.

Zugegeben, sich auf vier Konsequenzen zu beschränken, erfordert auch Mut. Man könnte sich fragen: »Aber sind es denn die wirklich wichtigen Punkte? Konzentrieren wir uns dadurch auf das Richtige?« Auch das Managementteam des erwähnten Technologiekonzerns haderte mit dieser Frage. Die Unsicherheit war den Damen und Herren ins Gesicht geschrieben. So viel hatte man sich von dem Zukunftsforscher erwartet: Trends, Visionen, Innovationen. Und nun das: vier Konsequenzen. Doch der weitere Dialog brachte Licht in die Sache. Je mehr wir uns mit den Konsequenzen beschäftigten, desto klarer wurde es: Die Einschränkung auf wenige Konsequenzen ist nur auf den ersten Blick trivial. Einer der Teilnehmer drückte es so aus: »Wow! Jetzt verstehe ich erst die Tragweite. Wenn wir diese Konsequenz wirklich zu Ende denken, bedeutet das einen richtig großen Ruck für unser Unternehmen.« Ein anderer antwortete darauf: »Sie haben völlig recht. Wir diskutieren dauernd um den heißen Brei herum und beruhigen uns mit PowerPoint-Schlachten, aber wir sehen den Wald vor lauter Bäumen nicht.« Und eine anwesende Managerin sagte nur: »Okay. Ich brauche jetzt mal eine Pause.« In der Pause kam sie auf mich zu und meinte: »Sie haben mich ganz schön schockiert. Hier mit vier Punkten aufzutauchen ist echt mutig, und ich muss das auch noch verdauen. Aber ich fühle schon, da ist was drin.«

VON DER ERSTEN IN DIE VIERTE DIMENSION UND WIEDER ZURÜCK

Im Big Picture können Sie die Einstellungen Ihres Unternehmens zur Zukunft erkennen. Sie bilden damit gewissermaßen den mentalen Zustand Ihres Unternehmens ab. Dieser Zustand wird erst im Future Room vollständig sichtbar, er ist sonst nur implizit im Unternehmen vorhanden. In anderen Worten: Sie haben nun einen Einblick in die vierte Dimension Ihres Unternehmens (siehe Kapitel 2). In der vierten Dimension geht es nicht um Umsetzung und Handeln unter Druck, sondern um Erkenntnis und gelassenes Beobachten. Ich nenne dies »Management der vierten Dimension«. Das heißt: mit Ruhe und in einer distanzierten Beobachterposition die Potenziale Ihres Unternehmens zu entdecken. Bereits die bloße und nicht systematische Beobachtung des Big Pictures führt zu wirksamen Ergebnissen. Allein indem Sie sich mit dem Big Picture beschäftigen, erlangen Sie bereits Erkenntnisse, die Sie für Ihr Unternehmen sowohl implizit wie auch explizit wirksam machen. Sie sind schon auf dem besten Wege dazu. Doch erst die systematische Auswertung mit Hilfe des Translators garantiert Ihnen die maximale Wirksamkeit Ihrer Ergebnisse.

Die Komplexität und Fundiertheit des Big Pictures sind ausreichend groß, um sicher sein zu können, dass die Ergebnisse signifikant sind. Das garantiert auch, dass die Konsequenzen, die Sie nun ziehen werden, wirklich wichtig und richtig sind. Ich möchte das an dieser Stelle nochmals hervorheben: Die Konsequenzen entsprechen nicht einfach einer externen Betrachtung durch einen Berater oder Trendforscher. Vielmehr sind sie abgeleitet aus der mentalen Zukunftsverfasstheit Ihres Unternehmens. Jeder Schritt, der nun folgt, hat seine Basis *im* Unternehmen. Mit der Festlegung der Konsequenzen ermöglichen Sie es dem Unternehmen, sich in die Zukunft hinein zu entfalten. Sie verschaffen damit der Zukunft den Möglichkeits- und Gestaltungsraum, der für Ihr Unternehmen notwendig ist. Jedes Unternehmen hat Zukunft, wenn man sie erkennt.

Das Management der vierten Dimension bedeutet, durch kluge Beobachtungen die Wirkkräfte zu erkennen, die für die Zukunft Ihres Unternehmens entscheidend sind, sie zu benennen und zu beschreiben. Damit gelingt es, neue Räume zu markieren, in denen sich Zukunft entfalten kann. Mit der Übersetzung des Big Pictures in Konsequenzen bewegen Sie sich von der vierten wieder in die erste Dimension – also dorthin, wo klassische unternehmerische Prozesse herrschen, wo konkrete Handlungen erfolgen und wo wirtschaftliche Ergebnisse dargestellt werden. Sie können dann sofort tätig werden.

Wie bereits erwähnt, werde ich Ihnen nun einen Translator, ein Übersetzungswerkzeug, bereitstellen, um die verborgenen Kräfte Ihres Unternehmens zu identifizieren und die Übersetzung des Big Pictures in die richtigen Konsequenzen durchzuführen. Der Translator besteht aus verschiedenen methodischen Schritten. Er hilft Ihnen, systematisch in dem Big Picture zu lesen und die richtigen Konsequenzen zu entwickeln. Tatsächlich ist das Erlernen der systematischen Auswertung des Big Pictures vergleichbar mit dem Lernen einer neuen Sprache. Es braucht etwas Geduld und Übung. Zu Beginn ist es ungewohnt und geht noch nicht flüssig. Hat man den Dreh aber einmal raus, funktioniert es recht leicht und schnell. Fangen wir also einfach an!

KNOPF 5: KONSEQUENZEN

Auf Basis Ihres Big Pictures werden Sie jetzt Ihre Konsequenzen für die Zukunft entwickeln. Dieser Knopf besteht aus mehreren Schritten. Jeweils vor einem Schritt lernen Sie, Ihr Big Picture zu lesen und zu deuten. Bei jedem Schritt notieren Sie sich Ihre ersten Konsequenzen. Am Ende sind Sie in der Lage, daraus die vier Konsequenzen für Ihre Zukunft abzuleiten. Wenn Sie Knopf 5 drücken, wird mit Hilfe des Translators Schritt für Schritt die wesentlichen Ableitungen für Ihre Zukunft deutlich.

BITTE DRÜCKEN SIE NUN KNOPF 5.

Translator

Der Translator besteht aus vier Anwendungen, die Sie nun nacheinander durchführen werden. Ihr Zweck ist es, das Big Picture zu analysieren und systemische Schlüsse daraus zu ziehen. Wenn ich mit Unternehmen arbeite, tue ich dies in einem interaktiven Dialog. Das spiegelt sich auch in den Cases unserer vier Beispielunternehmen wider. Darin sind Dialoge abgebildet. Wenn Sie im Team oder mit einem Sparringspartner arbeiten, führen Sie bitte auch die Interpretation gemeinsam durch. Sind Sie alleine im Future Room, so können Sie die Schritte genauso gut durchführen. Wieder dient der innere Dialog als Grundlage der Analyse.

Dies sind die vier Anwendungen im Überblick:

1. Hebelwirkung: Wirkungsweise der Spaces aufeinander
   1.1 vom größten zum kleinsten Hebel
   1.2 von allen Spaces zum Produkt
2. Häufung: Mengenverteilung der Nennungen
   2.1 White Spots
   2.2 Blind Spots
3. Denkmuster und Konsistenz: Thematische Cluster
   3.1 Konsistenz
   3.2 Häufung und Konsistenz
   3.3 Häufung und White Spots
4. Mentale Modi: analytisch-rational versus emotional
   4.1 analytisch-rationaler Fokus
   4.2 emotionaler Fokus

Wir beginnen nun mit der ersten Anwendung des Translators.

Hebelwirkung: Wirkungsweise der Spaces aufeinander

Die im Big Picture angewandten Spaces sind keine isolierten Container, das habe ich im letzten Kapitel bereits ausgeführt. Vielmehr hängen die Spaces über Wirkungsketten zusammen. So wirkt der äußerste Space, der

Mensch, am stärksten auf alle anderen ein. Man könnte auch sagen: Er hat die größte Hebelwirkung. Die in diesem Space festgehaltenen Gedanken, die in Ihrem Unternehmen vorhanden sind, sind grundsätzlicher Natur. Sie drücken Haltungen aus, die in Ihrem Unternehmen angenommen und vertreten werden. Diese wirken sich auf alle anderen Kontexte aus. Wenn wir die Spaces von rechts nach links betrachten, gilt: Jeder Space ist größer und hat damit eine größere Hebelwirkung als die links von ihm liegenden. Der Space Gesellschaft ist größer als der Space Wirtschaft, dieser ist größer als der Space Markt und so weiter. Das bedeutet auch: Gedanken, die Sie den größeren Spaces zugeordnet haben, haben eine größere Hebelwirkung auf Ihr Unternehmen.

Eine der relevantesten Wirkweisen ist der direkte, unmittelbare Hebel, mittels dessen ein Space auf das Produkt einwirkt. Diesen nennt man auch »Reentry« – weil der Space dadurch im Produkt wieder ersichtlich wird. Diese direkte Wirkung der anderen Spaces auf das Produkt geschieht über folgende Hebel, die wir beobachten und gestalten können:

Space Verfahren	⇨	Hebel: Arbeitsweise
Space Organisation	⇨	Hebel: Management und Führung
Space Markt	⇨	Hebel: Businessmodelle
Space Wirtschaft	⇨	Hebel: Unternehmenskultur
Space Gesellschaft	⇨	Hebel: Kommunikationen
Space Mensch	⇨	Hebel: Grundbedürfnisse

Was bedeutet das? Alles, was in einem Space thematisiert ist, also gedacht wird, wirkt auf die zentrale Leistung eines Unternehmens – sein Produkt, seine Angebote – ein. Der Space Organisation wirkt durch die Art, wie das Unternehmen geführt und gemanagt wird. Wenn Sie also Gedanken im Space Organisation identifiziert haben, dann sind dies alles Fragen des Managements und/oder der Führung. Themen der Organisation können auf dieser Ebene am wirkungsvollsten bearbeitet werden.

Zur weiteren Veranschaulichung betrachten wir drei weitere Spaces. Zunächst den Space Wirtschaft. Er wirkt durch die Unternehmenskultur auf das Produkt ein. Fragen der Wirtschaft sind also Fragen der Unternehmenskultur. Dieser Gedanke ist vielleicht nicht so leicht nachzuvollziehen, weshalb ich ihn gerne erläutere. Nehmen Sie an, Sie verantworten einen Automobilkonzern. Sie stellen fest, dass es in der Wirtschaft eine Tendenz zum Sharing gibt. Darauf wollen Sie reagieren. Dies kann Ihnen nur gelingen, wenn Sie ausreichend Mitarbeiter im Unternehmen haben, die das Sharing als Lebens- und Konsumkonzept sehr positiv bewerten. Sie brauchen eine Mehrheit von Menschen im Unternehmen, deren Leidenschaft nicht die Produktion und Vermarktung von Autos ist, sondern der Aufbau von Plattformen und Vernetzung. Das Auto ist für sie nur mehr Mittel zum Zweck. Damit diese Ausgangsbasis geschaffen ist, haben Automobilhersteller eigene Unternehmen gegründet und völlig neue Mitarbeiter eingestellt, sobald sie in den Sharing-Markt vordringen wollten. Sie benötigen also eine Unternehmenskultur, die jenen Wirtschaftssektor spür- und fühlbar machen kann, in dem Sie sich etablieren wollen. Das erklärt auch, warum es vielen Unternehmen nicht gelingt, digital zu werden. Die Digitalökonomie ist Teil eines kulturellen Umfeldes, dessen Wurzeln im Lebensstil San Franciscos liegen. Im Silicon Valley hat sich diese Kultur ausgedehnt und als Start-up-Kultur um die Welt verbreitet. Will man diese Ideen in Deutschland kopieren, genügt es eben nicht, nur die Technologie zu importieren und ein paar Programmierer einzustellen. Vielmehr braucht es ein ganz spezielles Lebensgefühl und einen kulturellen Kontext. Nicht umsonst ist Berlin zu *dem* Start-up-Platz Deutschlands geworden. Das heißt: Die so oft beschriebene digitale Transformation ist zuallererst eine kulturelle Transformation. Es ist die Kultur des Unternehmens, die ihm einen Zugang zu bestimmten Wirtschaftsbereichen ermöglicht. Durch die Logik des Big Pictures wird das sehr anschaulich.

Betrachten wir ferner den Space Gesellschaft. Sein Hebel kann durch den Begriff »Kommunikationen« beschrieben werden. Kommunikation, im soziologischen Sinne nach Niklas Luhmann, ist eine Operation, die soziale Systeme erzeugt und erhält, und eine Einheit aus Information, Mitteilung und Verstehen. In Summe besteht die Gesellschaft aus Kommunikation, die an Kommunikation anschließt. Daher sprechen wir im Plural von Kommunikationen. Für das Unternehmen bedeutet dies zu fragen: Was sind die Anschlüsse des Unternehmens an die Kommunikationen der Gesellschaft? An welchen Kommunikationen nimmt das Unternehmen teil? Achtung: Es geht hier nicht um die Frage, welche Kanäle das Unternehmen für seine Werbebotschaften nutzt. Zentral ist, dass die gesellschaftlichen Kommunikationen aneinander anknüpfen und nicht als einseitige Kommunikationen abgeschlossen sind, weil die eine Seite nur sendet und die andere nur empfängt. Es geht also immer um zwei- und mehrseitige Kommunikationen, es geht um einen kommunikativen Anschluss des Unternehmens an Kommunikationen, der weitere Kommunikationen ermöglicht. Hier können wir nun fragen: Geschieht dies zum Beispiel durch direkte Interaktion? Oder ist ausschließlich Geld die Brücke zur Gesellschaft? Jedes Unternehmen hat jedenfalls schon durch seine Mitarbeiter einen direkten Anschluss an die Gesellschaft und ist damit Teil derselben, also Teil der Kommunikationen. Themen des Spaces Gesellschaft benötigen also ein Verständnis davon, wie das Unternehmen an die Kommunikationen der Gesellschaft angeschlossen ist.

Schließlich betrachten wir noch den Space Mensch. Für ihn gilt der Hebel der Grundbedürfnisse. Der Mensch ist hier nämlich nicht Kategorie wie Kunde, Bürger, Mitarbeiter oder Ähnliches zu verstehen, sondern im umfassenden und niemand ausschließenden Sinne als Mensch. Was Menschen bewegt und antreibt, sind Grundbedürfnisse jeglicher Art. Die Psychologie nennt beispielsweise die Beziehung zu anderen Menschen als zentrales Grundbedürfnis, die Soziologie den Sinn. Abraham Maslows weit verbreitetes Modell der Bedürfnishierarchie (vor allem bekannt als »Bedürfnispyramide«) nennt verschiedene Grundbedürfnisse, die in einem hierarchischen Verhältnis zueinander stehen. Welches Verständnis von Grundbedürfnissen Sie im Future Room anwenden wollen, mit welchem Modell Sie hier operieren möchten, obliegt ganz Ihnen. Um den Hebel anzuwenden, ist entscheidend, zu verstehen, dass es sich in diesem Space um den Menschen an und für sich handelt – nicht um Ihre Kunden. Menschen haben grundsätzliche Bedürfnisse. Wenn Sie also Gedanken in diesem Space formuliert haben, wirken diese über die Aktivierung von grundsätzlichen Bedürfnissen wieder in Ihr Angebot zurück.

Hierfür ein Beispiel: In einem Future Room, den wir mit Kunden durchgeführt haben, wiesen die Gedanken im Space Mensch eindeutig auf das Bedürfnis der Orientierung hin. Und tatsächlich, im Space Produkte wurde klar, dass die zentrale Dienstleistung dieses Unternehmens wirklich Orientierung ist. Weil das Unternehmen einem klassischen produzierenden Gewerbe zugehört, hätte man dies ohne die Betrachtung des Space Mensch nie gesehen. Jedes seiner Produkte ist von Support und Unterstützung für die Kunden geprägt. Solche Hilfen für die Kunden sind im Kern Orientierungsleistungen. Durch den Future Room wurde dies verdeutlicht. Die begleitenden Cases mit unseren vier Beispielunternehmen werden solche Erfahrungen ebenfalls zeigen.

Konsequenzen aus der Hebelwirkung für Ihr Unternehmen

Beobachten Sie nun: Wie wirken sich diese Hebel auf Ihr Unternehmen aus? Nehmen Sie dafür je einen für Sie wichtigen Gedanken aus den äußeren Spaces Mensch, Gesellschaft und Wirtschaft – also denen mit dem größten Hebel auf Ihre Organisation – und überprüfen Sie dessen Wirkung auf das Produkt.

Space Mensch, Hebel: Grundbedürfnisse

Ihr formulierter Gedanke: ______________________________

____

Wie wirkt sich dieser Gedanke auf Ihr Produkt aus?
Hebelwirkung Grundbedürfnisse: ______________________

____

Space Gesellschaft, Hebel: Kommunikationen

Ihr formulierter Gedanke: ______________________________

____

Wie wirkt sich dieser Gedanke auf Ihr Produkt aus?
Hebelwirkung Kommunikationen: ______________________

____

Space Wirtschaft, Hebel: Unternehmenskultur

Ihr formulierter Gedanke: ______________________________

____

Wie wirkt sich dieser Gedanke auf Ihr Produkt aus?
Hebelwirkung Unternehmenskultur: ______________________________

____

Betrachten Sie nun diese Hebelwirkungen. Diskutieren Sie im Team über die Auswirkungen für Ihr Unternehmen. Wenn Sie alleine arbeiten, nehmen Sie sich etwas Zeit, um die Hebelwirkungen in Ruhe zu analysieren. Halten Sie für jede Hebelwirkung eine Konsequenz fest, die Ihr Unternehmen daraus ziehen kann. Versuchen Sie dabei, Ihr Unternehmen von außen zu betrachten. Das hilft, die Konsequenzen klarer zu formulieren.

Einem Unternehmen mit diesen Ausprägungen in den Hebelwirkungen würden wir/würde ich Folgendes raten:

Hebelwirkung Grundbedürfnisse: ______________________________

____

Hebelwirkung Kommunikationen: ______________________________

____

Hebelwirkung Unternehmenskultur: ______________________________

____

Werfen wir nun einen Blick auf die Diskussionen, die unsere vier Beispielunternehmen zum Thema Hebelwirkungen führten.

VIER CASES: HEBELWIRKUNG

DIE TANKSTELLENKETTE

Anton Meier steht mit seinem Team vor der ausgefüllten Matrix des Big Pictures. Lebhaft diskutieren sie die Häufungen innerhalb der Kategorien.

»Beim äußersten Space, beim Menschen, haben wir etwas notiert, was für mich eine wichtige Feststellung ist: Menschen wollen immer mobil sein. Deshalb wird es für uns auch *immer* irgendeine Möglichkeit geben, in dieser Branche Geschäfte zu machen!«

»Aber wir sagen im Space Gesellschaft doch auch, dass die Sharing Economy immer stärker wird. Weniger Autos bedeutet nun einmal weniger Umsatz. Also müssen wir neue Geschäftsfelder erschließen.«

»Sehe ich auch so! Außerdem zeigt sich ein wichtiger Punkt im Space Wirtschaft: Wenn die kleinen Geschäfte für den täglichen Bedarf, etwa Lebensmittel, zurückgedrängt werden, könnte das eine Nische für uns werden. Warum nicht ganz neue Wege gehen? Wir könnten zum Beispiel lokale Lebensmittel vertreiben.«

DAS IMMOBILIENBÜRO

»Unsere drei wichtigsten Hebel: Der Mensch braucht Geborgenheit, Menschen leben vielfältig und individuell, und die Ansprüche steigen trotz hoher Preise, die viele Menschen kaum noch bezahlen können.« Thomas Fährmann mal wieder, knapp wie immer.

»Und wie wirkt sich das auf unser Produkt aus?«, fragt Margarete Lang ruhig und mit gelassener Stimme.

Es wirkt – diesmal nimmt sich ihr Chef mehr Zeit für seine Antwort: »Ganz einfach: Wenn Menschen Geborgenheit wollen, dürfen wir nicht nur kalte ›Smart Homes‹ entwerfen. Wir bauen Häuser für Menschen, nicht für Maschinen. Wenn Menschen individuell sind, müssen wir uns eben die Arbeit machen, ihre individuellen Bedürfnisse zu verstehen und keine Konzepte von der Stange zu produzieren. Und wenn die Ansprüche steigen, die Preise aber auch, dann müssen wir eben innovative Lösungen finden! Wir haben uns doch auch früher nicht vor Herausforderungen gescheut, wieso heute? Unser Selbstvertrauen war immer unsere größte Stärke, wenn ihr mich fragt.«

DAS MEDIZINTECHNIKUNTERNEHMEN

»Dass wir zur Gesellschaft und zum Menschen an sich keine Aussagen haben, sollte uns schon zu denken geben. Die Übung mit den Hebelwirkungen ist damit wohl passé, oder?«

»Ja, das denke ich auch. Aber wenn man auf die Wirtschaft blickt, dann erkennen wir zumindest, dass wir unsere Konkurrenz vor allem im technologischen Bereich sehen. Also müssen wir lernen, wie wir der Konkurrenz hier entgegentreten können.«

»Oder aber es geht für uns gerade darum, uns auf ein anderes Gebiet zu spezialisieren.«

»Ich denke, wir müssen uns erst mal klarmachen, was wir eigentlich besonders gut können. Was wir besser können als die Konkurrenz und was uns ein Tech-Unternehmen, das gerade auf den Markt kommt, nicht so einfach nachmachen kann.«

DAS TELEKOMMUNIKATIONSUNTERNEHMEN

»Beim Menschen haben wir ja gar nichts stehen. Also kommen wir gleich zur Gesellschaft.«

»Hier sprechen wir nur davon, dass es einen Trend zum Analogen gibt. Was heißt das für uns?«

»Gute Frage. Ich weiß nicht, ob das etwas für uns heißt. Wir arbeiten rein im digitalen Bereich, dieser Trend hat keine Wirkung auf uns, denke ich.«

»Oder wir sehen es so, dass wir heute einfach noch nicht wissen, welche ›analogen‹ Möglichkeiten sich für uns ergeben. Dann müssen wir uns der Frage eben stellen und Lösungen dafür suchen.«

»Und bei der Wirtschaft? Ich würde gerne darauf zu sprechen kommen, dass wir ›keine ernst zu nehmende Konkurrenz‹ haben.«

»Siehst du das etwa anders?«

»Nein, ehrlich gesagt nicht. Aber trotzdem muss uns klar sein, dass uns dieses Denken zu Bequemlichkeit verleitet. Und damit letztendlich auch die ganze Belegschaft. Dieser Tatsache müssen wir auf jeden Fall entschlossen begegnen. Wir müssen uns allen klarmachen, dass Innovation und Disruption heute ganz schnell geschehen können.«

Häufung: Mengenverteilung der Nennungen (White Spots und Blind Spots)

Nun, da Sie sich mit den Spaces und ihren Wirkungsweisen vertraut gemacht haben, können Sie die ersten tiefer liegenden Muster analysieren. Wir starten mit einer ganz einfachen quantitativen Beobachtung.

White Spots

Den Space in unserem Big Picture, der mit den meisten Gedanken gefüllt ist, bezeichnen wir als White Spot. Das bedeutet für Sie: Der unbewusste Wahrnehmungs- und Aufmerksamkeitsfokus Ihres Unternehmens liegt auf diesem Space. Sie überbelichten ihn. Der White Spot liegt bei jedem Unternehmen in einem anderen Space und ist signifikant. Er weist darauf hin, mit welchen impliziten Fragen sich Ihr Unternehmen im Moment »selbst beschäftigt«. Die folgende Tabelle zeigt Ihnen Beispiele für solche Fragen, die jeweils einem Space zugeordnet sind.

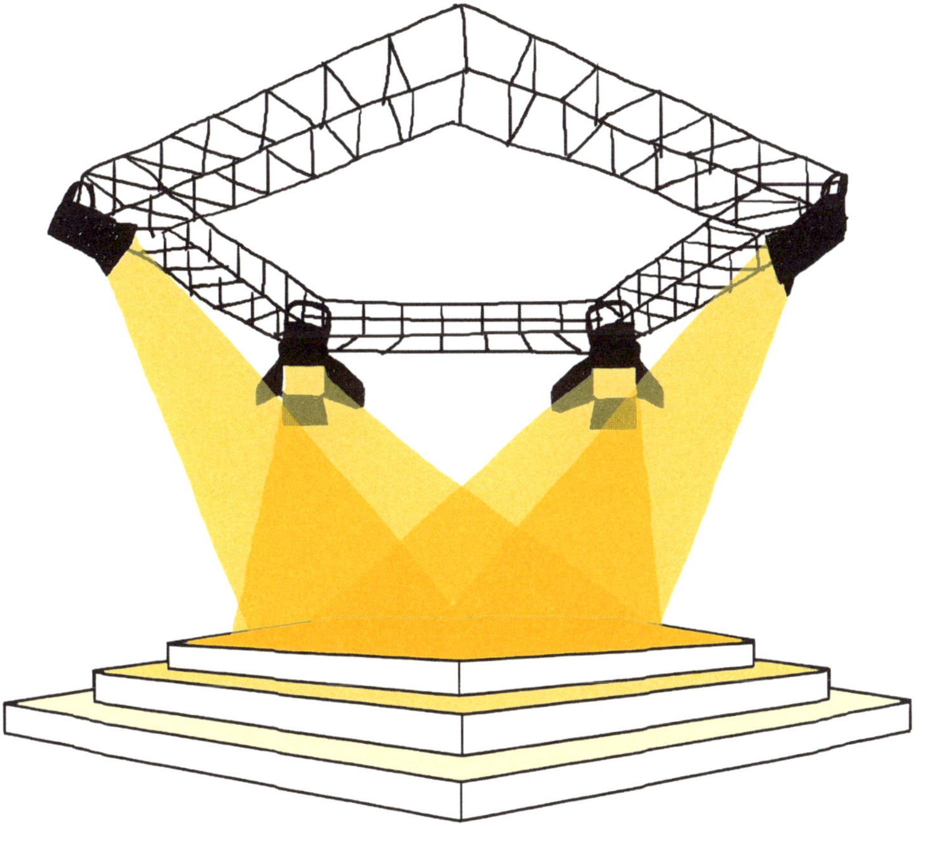

Ihr White Spot liegt im Space …	Beispiele für implizite Fragen, mit denen Ihr Unternehmen »überbeschäftigt« ist:
… Produkt	Wir haben viele Ideen – was wollen wir machen?
… Verfahren	Wir wachsen – wie können wir das schaffen?
… Organisation	Wir wollen unseren Erfolg aufrechterhalten – wie entscheiden wir uns?
… Markt	Etwas ändert sich gerade – wie können wir darauf reagieren?
… Wirtschaft	Eine Krise prägt uns – was ist unsere Vision?
… Gesellschaft	Wir erfinden uns neu – was gibt uns Sicherheit?

Ein White Spot auf dem Space Mensch kommt in der Regel nicht vor, wenn Sie im Team diskutieren. Sollten Sie den Future Room jedoch allein aufgesucht haben, kann es vorkommen, dass der Space Mensch Ihr White Spot ist. Dies deutet auf einen sehr persönlichen Veränderungsprozess hin. Dann könnte es sein, dass es weniger um die Zukunft Ihres Unternehmens als um Ihre persönliche Zukunft geht.

Der White Spot lenkt Ihren Blick für die richtigen Konsequenzen aus der Beobachtung eines Space ab. Liegt er beispielsweise auf der Wirtschaft, sucht das Unternehmen nach neuen Antworten im Außen. Seine Aufmerksamkeit liegt dann außerhalb des Unternehmens. Ich habe schon erlebt, dass ein Unternehmen mit einem White Spot im Space Wirtschaft versucht hat, eine Krise zu verarbeiten, indem es über neue Produkte nachdachte. Mit Kenntnis der Hebelwirkungen wäre der richtige Zugang jedoch nicht das Produkt, sondern die Unternehmenskultur gewesen. Der White Spot markiert daher den Space, dem wir zu viel und eine fehlgeleitete Beachtung schenken. Über den entsprechenden Hebel finden wir den richtigen Zugang, mit dem wir den Blick des Unternehmens wieder auf das Wesentliche richten. Befindet sich der White Spot auf der Organisation, kann ein Unternehmen offensichtlich keine adäquaten Entscheidungen für die Zukunft treffen. Der Hebel ist daher bei Management und Führung zu suchen. In dem Fall gilt es, die Entscheidungsprozesse im Unternehmen zu überdenken. In einem Future Room konnte ich das einmal erleben: Ein sehr erfolgreiches Unternehmen hatte seinen White Spot auf der Organisation. Aufgrund der Markterfolge entstand offensichtlich eine Verunsicherung innerhalb des Unternehmens. Die Entscheidungswege waren unklar – den einen ging es zu langsam, den anderen zu schnell. Wie überhaupt die Ideen der Führung des Unternehmens nicht mehr deutlich waren. Wirtschaftlich ging es dem Unternehmen gut. Und eigentlich hätte man nicht gedacht, dass sich im Unternehmen bereits alles nur mehr ums Unternehmen selbst drehte. Durch das Erkennen des White Spots konnte das Unternehmen nun neue – in dem Fall nach den Prinzipien der Agilität aufgebaute – Entscheidungsstrukturen einrichten. Das war ein ganz zentraler Schritt für die Sicherung der Zukunft des Unternehmens. Deshalb ist wichtig zu erkennen, dass die Antworten auf die impliziten Fragen im jeweiligen Hebel liegen. Zwei Beispiele hierfür:

White Spot im Space Wirtschaft: Fokussierung des Unternehmens auf das Außen
Zugang über den Hebel: Unternehmenskultur

White Spot im Space Verfahren: Fokussierung des Unternehmens auf die Frage: »Wie machen wir das?«
Zugang über den Hebel: Struktur und Technologie der Arbeit

Der White Spot in Ihrem Unternehmen

Beobachten Sie: Welcher Space in unserem Big Picture ist mit den meisten Gedanken gefüllt? Markieren Sie ihn auf Ihrem Big Picture. Dies ist Ihr White Spot. Beantworten Sie nun die folgenden Fragen:

Welche implizite Frage ist durch den White Spot gestellt? ________

____

Welcher Hebel erlangt durch den White Spot Priorität? ________

____

Wie könnte der Hebel beitragen, die richtige Antwort auf die implizite Frage zu finden? ______________________

____

Blind Spots

Den Space, der mit den wenigsten Gedanken gefüllt ist, bezeichnen wir als Blind Spot. Das bedeutet, dass Ihr Unternehmen ihm im Moment keine Aufmerksamkeit schenkt. Sie »unterbelichten« diesen Space, blen-

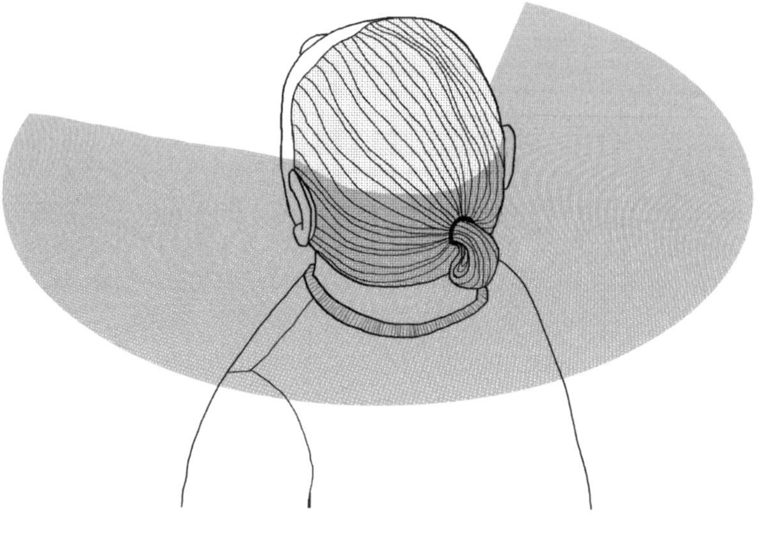

den ihn aus. Auch Blind Spots liegen bei jedem Unternehmen in anderen Spaces, und auch sie sind signifikant.

Beispielsweise können Sie direkte Auswirkungen auf Ihre initiale Zukunftsfrage haben: Hat diese direkt mit dem Space zu tun, auf dem ein Blind Spot liegt? Blind Spots erhalten keine Aufmerksamkeit, und es ist wert, sich dies bewusst zu machen. Blind Spots haben keine Kraft. Hat Ihre Zukunftsfrage mit neuen Produkten zu tun und Ihr Blind Spot liegt auf dem Space Produkt, dann hat diese Frage im Moment keinerlei Kraft.

Die Erfahrung zeigt uns, dass Blind Spots echte Schatzgruben für Überraschungen sind. Wo man nicht hinschaut, herrscht ein Angebot an wertvollen Potenzialen. Sie können diese nutzen, indem Sie einen Blind Spot ausmerzen. Dies bedeutet allerdings, sehr konzentriert und nachsichtig vorzugehen. Die in der folgenden Tabelle gesammelten unterstützenden Fragen können Ihnen dabei helfen:

Ihr Blind Spot liegt im Space ...	Beispiele für Fragen, die gegen Blind Spots wirken:
... Produkt	Was ist unser zentrales Angebot? Ist dies den Mitarbeitern im Unternehmen bekannt?
... Verfahren & Technologie	Was ist das Besondere an der Art, wie wir unsere Produkte erzeugen?
... Organisation	Warum tun wir, was wir tun?
... Markt	Welche Probleme lösen wir für wen?
... Wirtschaft	Was ist unsere Vorstellung von Wirtschaft?
... Gesellschaft	Wie bekommen wir mit, was wirklich los ist?
... Mensch	Was ist uns wirklich wichtig?

Wenn Sie Ihren Blind Spot erkannt haben, können Sie beobachten, welche Wirkung er hat. Ist der Blind Spot zum Beispiel im Space Organisation, bedeutet das, dass das Unternehmen sich selbst nicht wirklich im Blick hat. Es entsteht ein Vakuum. Das Unternehmen kann sich nicht entscheiden. Der Blind Spot markiert den Space, dem wir keine Beachtung schenken. Das führt dazu, dass wir das Potenzial dieses Space nicht nutzen. Über den entsprechenden Hebel finden wir den richtigen Zugang, mit dem wir gegensteuern können. Zwei Beispiele hierfür:

> Blind Spot im Space Mensch: Nichtbeachtung des Menschen an und für sich
> Zugang: Philosophische Auseinandersetzung mit der Frage: »Was ist uns wirklich wichtig?«

> Blind Spot im Space Organisation: Nichtbeachtung des Entscheidungsverhaltens
> Zugang: Offene Auseinandersetzung des Managements über die Frage: »Warum tun wir, was wir tun?«

Der Blind Spot in Ihrem Unternehmen

Beobachten Sie: Welcher Space ist kaum oder gar nicht beachtet, also ein Blind Spot? Markieren Sie den Space auf Ihrem Big Picture. Beantworten Sie nun die folgenden Fragen:

> Welche unterstützende Frage weist auf eine Chance hin, die im Blind Spot verborgen liegt? ______________________________
>
> ____

> Welcher Hebel ist durch den Blind Spot eingeschränkt? __________
>
> ____

▷▷▷

Wie wirkt sich die mangelnde Aufmerksamkeit für diesen Space auf Ihr Produkt aus? ______________________________

____

Konsequenzen aus der Häufung für Ihr Unternehmen

Um es noch einmal auf den Punkt zu bringen: White Spots zeigen, worauf ein Unternehmen zu viel Aufmerksamkeit richtet, Blind Spots zeigen, was ein Unternehmen aus den Augen verloren hat.

Betrachten Sie nun erneut Ihre Beobachtungen zu den White und Blind Spots. Diskutieren Sie im Team über die Auswirkungen auf Ihr Unternehmen. Wenn Sie alleine arbeiten, nehmen Sie sich etwas Zeit, um die Chancen und Risiken in den White und Blind Spots zu analysieren. Halten Sie dann eine bis drei Konsequenzen fest, die Ihr Unternehmen daraus ziehen kann. Versuchen Sie dabei, Ihr Unternehmen von außen zu betrachten. Das hilft, die Konsequenzen klarer zu formulieren.

Einem Unternehmen mit diesen Ausprägungen in den Häufungen (Blind Spots/White Spots) würden wir/würde ich Folgendes raten:

____

____

____

____

____

____

Am Beispiel unserer vier Unternehmen aus den Cases sehen wir nun, wie mit der Interpretation des Big Pictures umgegangen werden kann und welche Erkenntnisse White Spots und Blind Spots bringen können.

VIER CASES: HÄUFUNG (WHITE SPOTS UND BLIND SPOTS)

DIE TANKSTELLENKETTE

»Wenn ich mir das Big Picture so ansehe, dann fällt zunächst einmal auf, dass wir einen Blind Spot beim Verfahren haben. Also haben wir uns wohl kaum damit beschäftigt, *wie* wir etwas machen.«

»Das heißt, die Frage, die wir uns eigentlich stellen müssten, lautet: Was macht unsere Produkte besonders? Das ist eine berechtigte Frage, würde ich sagen. Wir betreiben Tankstellen. Wenn wir ehrlich sind, ist daran nichts wirklich besonders.«

»Unseren White Spot haben wir im Markt. Beschäftigen wir uns *zu sehr* mit den Kunden?«

»Ich denke nicht, dass das unser Problem ist. Aber der Hebel zeigt, wie wichtig für uns ein neues Businessmodell wäre, das tragfähig ist.«

Die Spaces sind zwar immer noch Neuland für die Teilnehmer des Meetings, aber sie lernen schnell, damit umzugehen. Sie ziehen aus der Betrachtung eines Space so viele Erkenntnisse wie irgend möglich und konzentrieren sich dann sofort auf den nächsten Space. Wie selbstverständlich gewinnen sie dabei Distanz zum eigenen Unternehmen und können sich plötzlich aus einer Außenperspektive wahrnehmen.

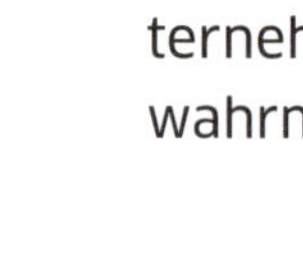

DAS IMMOBILIENBÜRO

»Was natürlich sofort ins Auge sticht, wenn man sich das so ansieht, ist die starke Ausprägung der Kategorie Organisation. Das finde ich auch nicht besonders überraschend. Schließlich dreht sich bei uns ja ohnehin dauernd alles um dieses Thema, seit wir so sehr gewachsen sind.«

Thomas Fährmann wirkt etwas enttäuscht, zu offensichtlich erscheint diese Erkenntnis zunächst. Aber Margarete Lang ist bereits einen Schritt weiter und erkennt einen weiteren Aspekt:

»Der Hebel zum Produkt wäre hier das Management, also wir selbst. Wenn ich das für uns übersetze, heißt das ja dann, dass wir unser Verhalten ändern müssen, damit wir uns zu diesem Thema nicht mehr so sehr den Kopf zerbrechen müssen.«

Thomas denkt kurz nach und nickt schließlich. So hat er noch nicht auf das Thema geblickt, aber Margaretes Analyse macht durchaus Sinn für ihn. Das Problem mit der schnell wachsenden Organisation muss endlich gelöst werden, der Einfluss dieser Kategorie auf die Produktentwicklung ist schlichtweg nicht mehr zu leugnen.

Margarete Lang fährt fort: »Und dann können wir uns vielleicht auch wieder mehr unseren Produkten zuwenden. Schon interessant, dass wir zwar sagen, dass uns die so wichtig sind, aber gleichzeitig kaum darüber sprechen.«

»Du hast recht«, stimmt ihr Thomas Fährmann zu. »Wir müssen wohl zunächst unser Management-Thema klären, um uns dann wirklich wieder auf unsere Produkte fokussieren zu können.«

DAS MEDIZINTECHNIKUNTERNEHMEN

»Zunächst einmal sehen wir einen doppelten Blind Spot bei der Gesellschaft und beim Menschen.«

»Und wir haben unseren White Spot bei der Wirtschaft. Und da sprechen wir häufig von unserer Konkurrenz, von den Mitbewerbern.«

»Also können wir sagen, dass wir nicht über generelle gesellschaftliche Trends sprechen, sondern immer nur über unseren Markt und vor allem unsere Konkurrenten. Aber sollten wir uns nicht auch fragen, was die Gesellschaft in Zukunft braucht? Und was der Mensch möchte?«

»Genau: Was sind die generellen Entwicklungen in der Gesellschaft? Das müssen wir uns fragen.«

»Okay. Und wie deuten wir den White Spot auf der Wirtschaft?«

»Der zeigt, dass wir uns zu sehr nach außen orientieren, weil wir uns vor einer Krise sehen. Und dass wir wieder eine eigene Vision brauchen, anstatt bei anderen nach Lösungen zu suchen.«

»Und der Hebel? Bei der Gesellschaft geht es um Kommunikationen – also wie wir Informationen aufnehmen und verarbeiten. Beim Menschen um ›Grundbedürfnisse‹, also was den Menschen generell ausmacht, welche Grundbedürfnisse er hat.«

»Und bei der Wirtschaft um Unternehmenskultur.«

»Wieso das denn? Die Unternehmenskultur hätte ich im Space Organisation gesehen.«

»Ja, nach innen und mit Blick auf Strukturen und Prozesse betrachtet, stimmt das. Aber sie gibt auch vor, was wir aus der Umwelt wahrnehmen. Und das korreliert mit der Kultur im Inneren: Haben wir eine offene Kultur im Unternehmen, können wir auch viel wahrnehmen.«

»Und, haben wir eine offene Kultur?«

»Ich denke nicht, ehrlich gesagt. Das ist wohl auch der Grund dafür, dass wir die Lösungen bei anderen suchen, statt selbst mit den Methoden der digitalen Medizin umgehen zu lernen. Also können wir sagen, dass wir an unserer Kultur arbeiten müssen, um auf die zukünftigen Herausforderungen reagieren zu können.«

Martin Albrecht ist erstaunt, wie weit sich die Diskussion von der Digitalisierung entfernt hat, über die er eigentlich sprechen wollte. Und er beobachtet ebenso erstaunt, wie engagiert sich die Menschen im Raum an der Diskussion beteiligen und welche Problemfelder plötzlich aufgedeckt werden. Vielleicht muss auch er selbst seine Position nochmals hinterfragen. Vielleicht muss er die Digitalisierung in einem anderen Licht betrachten.

▷▷▷

DAS TELEKOMMUNIKATIONSUNTERNEHMEN

Daniel Gänzler sieht die Übung nach wie vor skeptisch. Der Report, an dem er so lange und hart gearbeitet hat, scheint ihm nach wie vor in der Bedeutungslosigkeit zu versinken. Aber Sven Jost lässt sich davon nicht beirren und ermutigt die Gruppe zur gemeinsamen Analyse:

»So, und was sehen wir nun auf unserem Big Picture?«

»Quantitativ betrachtet haben wir eine Häufung bei organisatorischen Themen und einen weißen Fleck beim Space Mensch.«

»Und was sagt uns das?«, wirft Daniel Gänzler ungeduldig ein. »Ich meine, im Hinblick auf den Report?«

»Nun warte doch mal! Wir haben außerdem nur einen Eintrag beim Space Gesellschaft. Und recht viele Punkte bei den Spaces Verfahren und Markt. Für mich belegt das genau, was ich vorhin schon gesagt habe: Wir denken zu wenig über den Menschen nach. Stattdessen beschäftigen wir uns viel zu viel mit Technologien. Das ist auch genau das, was in unserem Report fehlt. Wir sprechen darin zwar von alten Menschen und von jungen Menschen. Aber eigentlich haben wir keine Ahnung von deren Lebenssituationen oder von Trends, die es dort gibt. Da müssen wir raten oder uns auf persönliche Erlebnisse verlassen. Wir sind schon ziemlich eingefahren in unserem von Technologie geprägten Denken.«

Zwischenfazit

Sie haben erfahren, wie die Spaces aufeinander wirken: vom größten Space, dem Menschen, bis zum kleinsten, dem Produkt. Von jedem Space gibt es außerdem eine direkte Wirkung über den Hebel ins Produkt. Diese Regeln der Wirksamkeit liefern Ihnen eine ausgezeichnete Basis, um in Ihrem Big Picture zu lesen.

Sie haben außerdem erfahren, dass es Spaces gibt, die über- oder unterbelichtet sind. Dies zeigt, wohin ein Unternehmen seine Energie leitet. White Spots bekommen überproportional viel Energie, Blind Spots wenig bis keine. Mit Energie sind gemeint: Zeit, Aufmerksamkeit und häufig auch

Geld. Sie können hieraus lernen, wie Sie Ihre Energieressourcen neu verteilen, um die Vitalität des Unternehmens zu gewährleisten.

Es folgen nun die Anwendungen 3 und 4 unseres Translators: Denkmuster und Konsistenz sowie mentale Modi. Danach sind wir bestens im Bilde – und bereit, unsere vier abschließenden Konsequenzen zu entwickeln.

Denkmuster und Konsistenz

Erinnern Sie sich daran, was ich im zweiten Kapitel über Primings geschrieben habe? Primings wirken unbewusst auf unser Denken ein. Es sind Reize, die implizite Gedächtnisinhalte aktivieren und damit Assoziationen in uns wecken. Diese Reize sind uns in der Regel nicht bewusst. In Versuchen wurden zum Beispiel Studenten zu einem ausgedehnten Dialog über das Altern eingeladen. Nach mehr als einer Stunde gemeinsamen Austauschs verließen sie den Raum. Dabei wurde die Geschwindigkeit gemessen, mit der sie durch den Flur gingen. Sie war deutlich langsamer als die übliche Geschwindigkeit, mit der sich die Studenten bewegten. Das Gespräch über das Altern war der Reiz für die mit dem Alter verknüpfte Assoziation der Langsamkeit. Er führte dazu, dass die Studenten tatsächlich langsamer wurden.

Auch hinter Ihren Zukunftsgedanken stecken Primings. Sie können entweder in den gewöhnlichen Diskursen und Stimmungen enthalten sein, denen Sie in Ihrem Unternehmen täglich begegnen. Oder sie können durch externe Faktoren wie die Medien, Messen oder auch

Berater auf Ihr Unternehmen wirken. Die Primings aktivieren bestimmte Denkmuster, die sich im Unternehmen unbewusst verbreiten. Aus der Erfahrung vieler Future Rooms weiß ich, dass dem Big Picture nicht mehr als drei bis fünf gewichtige Denkmus-
ter zugrunde liegen. Sie zu identifizieren und im Hinblick auf ihre Konsistenz zu prüfen ist extrem hilfreich, um Einblicke in die verborgenen Potenziale Ihres Unternehmens zu erlangen.

Wie Sie Denkmuster und Konsistenz erkennen können

So gehen Sie vor, um die Denkmuster Ihres Unternehmens zu erkennen:

1. Betrachten Sie den Space mit den meisten Nennungen.
2. Nehmen Sie den ersten dort notierten Gedanken. Fragen Sie sich: Was in meiner oder unserer Umgebung aktiviert diesen Gedanken? Was *primet* dieses Zukunftsbild?
3. Fragen Sie sich sodann: Welches Denkmuster wird durch das Priming im Unternehmen erzeugt?
4. Benennen Sie das Denkmuster und notieren Sie es neben dem Big Picture. Dann weisen sie dem Denkmuster eine Farbe zu. Unterstreichen Sie den Gedanken in seinem Space mit dieser Farbe.
5. Wiederholen Sie diesen Vorgang für jeden Ihrer Gedanken. Prüfen Sie bei jedem Gedanken, ob er einem bereits notierten Denkmuster entspricht oder ob Sie ein weiteres notieren müssen. Versuchen Sie, im Ganzen mindestens drei Denkmuster zu erkennen, unter die Sie mehrere Ihrer Gedanken sortieren können.
6. Sollte es Gedanken geben, bei denen es Ihnen nicht möglich ist, dahinterliegende Denkmuster zu entdecken, seien Sie unbesorgt. Nicht jeder Gedanke muss durch ein Priming beeinflusst sein. Gehen Sie einfach zum nächsten über.

Auf dem Big Picture haben Sie nun die Denkmuster farbig markiert. Damit haben Sie auch gleichzeitig thematische Cluster gebildet. Sie sehen, wie sich die Denkmuster verteilen und welche dominieren. Am neu entstandenen Bild können Sie Folgendes erkennen:

1. ***Konsistenz:*** Ist ein Denkmuster über (fast) alle Spaces verteilt, hat Ihr Unternehmen eine sehr breite Wahrnehmung für dieses Thema. Es ist also essenziell. Dieses Thema ist grundsätzlich als vorrangig zu betrachten.
2. ***Häufung und Konsistenz:*** Je mehr Gedanken Sie einem Denkmuster zuweisen, desto mehr Kraft geben Sie diesem. Ist es auch noch konsistent, so haben Sie damit das für Ihr Unternehmen ganz zentrale Thema identifiziert.
3. ***Häufung und Bruch der Wahrnehmung:*** Beinhaltet ein Denkmuster viele Gedanken, verteilt sich jedoch nicht auf die meisten Spaces, sondern ist auf einen oder wenige Spaces beschränkt, so stellt dies einen Bruch in der Wahrnehmung Ihres Unternehmens dar. Hierfür ein Beispiel: Ein Denkmuster häuft sich im Space Markt, kommt aber weder in der Organisation noch in der Wirtschaft vor. In einem Future Room mit einer Bank war dies der Begriff »Beziehungsqualität«. Dieser kam in keinem anderen Space vor. Damit ist die Beziehungsqualität wohl etwas Wichtiges, aber nur in Verbindung mit Kunden. Nicht generell. Wenn das der Fall ist, haben Sie einen Bruch in der Wahrnehmung identifiziert. Das Unternehmen hat also einen unbewussten Fokus, wenn es vom Markt spricht. Im Falle der Bank war dadurch klar, dass die Beziehungsqualität eher künstlich erzeugt wurde. Die Übersetzung in die anderen Spaces gelingt nicht, und das erzeugt unbewusste Blockaden. Kunden erleben die Beziehung zu dieser Bank auch als aufgesetzt freundlich statt authentisch.

Konsequenzen aus Denkmustern und Konsistenz für Ihr Unternehmen

Wenn Sie die Denkmuster wie beschrieben analysiert und auf Ihrem Big Picture markiert haben, können Sie nun die Konsequenzen daraus für Ihr Unternehmen entwickeln. So gehen Sie vor:

Notieren Sie das Denkmuster mit der größten Konsistenz: ________

____

Priorität Nr. 1: Dieses Denkmuster hat die größte unbewusste Kraft in Ihrem Unternehmen.

Notieren Sie das Denkmuster mit den meisten einzelnen Gedanken:

____

____

Priorität Nr. 2: In dieses Denkmuster investieren Sie viel Energie.

Notieren Sie das Denkmuster, das einen Bruch in der Wahrnehmung erzeugt: ____________________

____

Priorität Nr. 3: Dieses Denkmuster erzeugt unerkannte innere Blockaden.

Betrachten Sie jetzt diese Beobachtungen. Diskutieren Sie im Team über die Auswirkungen. Wenn Sie allein arbeiten, nehmen Sie sich etwas Zeit, um die Auswirkungen der Denkmuster zu analysieren. Halten Sie dann eine bis drei Konsequenzen fest, die Ihr Unternehmen daraus ziehen kann. Versuchen Sie dabei, Ihr Unternehmen von außen zu betrachten. Das hilft, die Konsequenzen klarer zu formulieren.

Einem Unternehmen mit diesen Ausprägungen in den Denkmustern würden wir/würde ich Folgendes raten:

____

____

____

Schauen wir nun einmal, wie die Diskussion über Denkmuster und Konsistenz in den vier Beispielunternehmen aus unseren Cases verlief.

VIER CASES: DENKMUSTER UND KONSISTENZ

DIE TANKSTELLENKETTE

Die Diskussion geht nahtlos von den Häufungen zu den Denkmustern über. Dem Führungsteam der Tankstellenkette ist auch nicht nach einer Pause zumute. Nicht jetzt, wo alle das Gefühl haben, dass sie einer wichtigen Erkenntnis auf der Spur sind. Nachdem sie alle Gedanken auf Denkmuster geprüft haben und ihr Big Picture als bunt geflecktes Bild vor ihnen steht, diskutieren sie das Ergebnis.

»Sehen wir uns die Denkmuster für den Space Verfahren an. Wir sprechen bei den wenigen Aussagen dazu nur von operativen Tätigkeiten. Niemand hier beschäftigt sich ernsthaft mit der langfristigen Zukunft, wenn wir ehrlich sind. Das sieht man im Big Picture, und das müssen wir uns auch tatsächlich so eingestehen.«

»Das stimmt. Allerdings zeigt sich vom Markt über die Wirtschaft bis hin zur Gesellschaft für mich noch ein anderes, sehr konsistentes Muster: Wir verstehen nicht richtig, wie die Jugend heute tickt. Ich denke, deshalb fällt es uns auch schwer, gute Vorschläge für die Zukunft zu machen.«

»Kein Wunder, wir sind ja auch alle alte Knacker!« Die Gruppe lacht, aber tatsächlich – das ist jedem klar geworden – ist die Gruppe bis auf Anton Meier ganz schön in die Jahre gekommen.

»Ja, das zeigt sich auch an unseren Aussagen im Space Organisation. Wenn wir über unsere Organisation sprechen, dann ist meist von der Rente die Rede statt von der Zukunft des Unternehmens.«

»Also ein für uns ganz zentrales Denkmuster ist, das müssen wir uns so eingestehen, dass wir aus einer einseitigen Perspektive alter Menschen auf die Welt blicken.«

Wieder ist es Dieter Renner, der die unbequeme Wahrheit ausspricht, aber letztlich zustimmendes Nicken erntet.

DAS IMMOBILIENBÜRO

»Lasst uns doch mal die Denkmuster anschauen. Ich denke, bei der Organisation sehen wir ein Spannungsfeld. Einerseits sind wir alle der Meinung, dass bis dato alles gut gelaufen ist. Andererseits gibt es eine Angst davor, dass es in Zukunft nicht mehr so laufen könnte, weil wir uns nicht organisieren können.«

Thomas Fährmann merkt immer stärker, dass die Analyse dem Team ganz neue Einblicke ermöglicht. Er führt seine Betrachtung auf die nächste Ebene:

»Zumindest nehmen wir das an. Wir wissen ja gar nicht, ob unsere mangelnde Organisation ein Problem werden könnte. Vielleicht kommt die Unsicherheit ja gerade daher, dass wir nicht verstehen, wie wir als Unternehmen funktionieren. Aber irgendwie scheinen wir ja zu funktionieren.«

»Ja, vielleicht kommt die Angst nur daher, dass wir jetzt nicht mehr alles überblicken und kontrollieren können, wie wir es früher getan haben«, stimmt Robert Haller zu.

Margarete Lang nickt. »Wir sprechen ja auch in den anderen Kategorien davon, dass die Bedürfnisse für unterschiedliche Zielgruppen sich immer weiter ausdifferenzieren. Und dass wir Verständnis für alle Zielgruppen brauchen. Und nicht zuletzt, dass wir kreativ sein wollen und müssen. All das sind Punkte, die verschiedene Persönlichkeiten brauchen mit verschiedenen Kenntnissen und verschiedenen Vorstellungen über die Welt. Nur dann können wir unsere Kunden ganzheitlich verstehen. Und nur dann ist echte Kreativität langfristig möglich!«

»Du hast absolut recht!«, ruft Robert Haller. »Wir machen uns die ganze Zeit über Gedanken, was bei uns falsch läuft, und versuchen, die Sache irgendwie zu kontrollieren, indem wir uns in alle Bereiche einmischen. Stattdessen sollten wir einfach mal Vertrauen haben und sehen, wie sich die Dinge entwickeln. Wir haben die Leute hier ja aus gutem Grund eingestellt.«

»Und wenn wir das geschafft haben, können wir uns auch endlich wieder unserem Kerngebiet widmen, unseren Produkten. Seht euch nur an, wie leer diese Spalte ist!«

Die Gruppe bricht in gelöstes Lachen aus. Thomas Fährmann hat die Sache auf den Punkt gebracht. In diesem Moment ist allen klar, wieso die Spalte so leer ist. Die Organisation hat sich in einer Art Teufelskreis immer intensiver mit sich selbst beschäftigt, um dann erst recht nicht mit den Produkten zufrieden zu sein – was nur zu mehr Beschäftigung mit der Organisation geführt hat.

DAS MEDIZINTECHNIKUNTERNEHMEN

»Ich finde, bei den Denkmustern zeigt sich doch wieder, dass wir ständig nur von Digitalisierung *sprechen*, das zieht sich sehr konsistent durch. Davor fürchten wir uns letztendlich, auch was die Konkurrenz angeht. Das Muster könnte wohl ›Angst vor Digitalisierung‹ genannt werden«, wirft Manuela Kainz ein. Sie weiß, dass das Thema im Unternehmen ein Reizthema ist. Aber mit dem Big Picture vor Augen fällt es ihr leicht, das Offensichtliche anzusprechen.

»Wenn wir dieses Krankenhaus ohne Ärzte wirklich umsetzen wollen, brauchen wir fundiertes Know-how für künstliche Intelligenz, und wir brauchen echtes Know-how für Digitalisierung.«

»Wir müssen unsere Leute behutsam an das Thema heranführen. Wir müssen ihnen klarmachen, dass Digitalisierung nicht etwas ist, das die Jobs im Unternehmen gefährdet, sondern uns neue Möglichkeiten am Markt schafft. Und wir müssen ihnen Zeit und vor allem Gelegenheiten geben, sich mit der Digitalisierung auseinanderzusetzen. Nur dann können wir ein digitales Unternehmen werden. Wir müssen uns Schritt für Schritt mit der Digitalisierung *anfreunden* und sie nicht einfach im Unternehmen platzieren. Das geht, indem wir für neue und jüngere Mitarbeiter attraktiver werden, die keine Berührungsängste haben, wenn es um Digitalisierung geht. Aber wir dürfen unsere vorhandenen Mitarbeiter auch nicht abhängen, sondern müssen sie mitnehmen.«

Die Gruppe beginnt in Kleingruppen zu murmeln. Sie diskutieren das Argument. Nachdem sie sich nun buchstäblich ein gemeinsames Bild über die Situation verschafft haben, können sie umfassend auf alle Ansichten und Bedenken in der Gruppe eingehen.

DAS TELEKOMMUNIKATIONSUNTERNEHMEN

»Dass wir so eingefahren sind in unserem Denken, zeigt sich auch in unseren Denkmustern. Wir sprechen davon, dass wir ein *Dinosaurier* sind, der ja nichts ändern muss und eigentlich keine Konkurrenz hat. Diese Behäbigkeit zeigt sich vor allem bei der Organisation. Ein Bruch in der Wahrnehmung also.«

»Wir fokussieren sehr stark auf dieses Thema, wenn es um die Organisation geht. Das scheint uns aber auch immer wieder vor dieselben Probleme zu führen.«

»Ja, wir müssten es irgendwie zustande kriegen, dass wir unsere gewohnten Denkmuster sozusagen *entlernen*.«

»Leichter gesagt als getan. Aber ich denke schon, dass das in erster Linie bedeutet, dass wir neue Lösungsansätze verfolgen und die bekannten Pfade verlassen müssen. Dann können wir auch wieder hoffen, dass sich tatsächlich etwas verändert.«

Daniel Gänzler ist nach wie vor unsicher. Er versteht die Gedankengänge der Gruppe, weiß aber nicht, was all dies für seinen Report bedeutet. Schließlich kommt ihm die Frage über die Lippen:

»Und was bedeutet das nun für unseren Trendreport? Kommt der in den Eimer?«

»Nein. Aber wir müssen ihn offensichtlich erweitern. Wir müssen uns die Frage stellen, was die Menschen beschäftigt. Generell und in den gesellschaftlichen Trends. Das wäre auch der Ansatz, den der Hebel zeigt.«

Daniel Gänzler nickt verständnisvoll. Er versteht nun: Seine Arbeit war nicht unnötig. Ganz im Gegenteil. Aber ihr hat der gesellschaftliche Rahmen gefehlt, um sie zu deuten. Plötzlich ist es ihm beinahe peinlich, dass er sich so gegen diese Diskussion gesträubt hat.

Mentale Modi – analytisch-rational versus emotional

Wir Menschen sind in der Lage, Informationen aus unserer Umgebung zu verarbeiten, zu kombinieren und darauf zu reagieren. Diese Fähigkeit weisen wir üblicherweise unserem Gehirn zu. Der mentale Prozess des Denkens findet jedoch nicht nur in unserem Kopf statt: Vielmehr führen wir unterschiedliche mentale Operationen durch, die den ganzen Körper miteinbeziehen. Der Philosoph Aaron Ben-Ze'ev definiert dafür vier Modi:

Perzeptuell. In diesem Modus geht es primär um die fühlende Wahrnehmung. Sensitive Impulse und vorhandene Gefühle bilden das Zentrum. Dieser Modus entwickelt sich sehr früh im Leben, das können wir an Kindern beobachten.

Emotional. Dieser Modus umfasst vor allem intensive Emotionen, mittels derer wir auf Ereignisse in der Umgebung und in der Gegenwart reagieren. Er ist der wohl komplexeste Modus, da er viele unterschiedliche mentale Elemente beinhaltet.

Intellektuell. Der intellektuelle Modus steht für die Anwendung unserer analytisch-rationalen Fähigkeiten. Er ist geprägt von abstraktem Denken in Strukturen, Mustern und Modellen. Dies ist in unserer modernen Gesellschaft der verbreitetste Modus. Er ist zentral für unseren Begriff von Bildung.

▷▷▷

Imaginativ. In diesem Modus steht die Vorstellungskraft, die jenseits des analytischen Denkens liegt und eine Imagination (zum Beispiel der Zukunft) ermöglicht, im Mittelpunkt. Sie setzt ein perzeptives Verarbeiten voraus, das auf Erlebnissen und Erfahrung basiert und dann darüber hinausgeht.

Diese Modi sind, wie Ben-Ze'ev es formuliert, prototypisch. Das bedeutet, dass sie nicht klar voneinander getrennt werden können. Es gibt Schnittmengen, und die Zuordnung zu einem Modus ist nur möglich, indem wir beurteilen, in welchem Maße ein mentaler Prozess einem bestimmten Modus zugehört. Mentale Modi sind also nur graduell zu differenzieren.

Dennoch ist eine Zuordnung prinzipiell möglich. Die Modi weisen genug Unterscheidungskriterien auf, um eine Analyse zu ermöglichen. Sie ermöglichen uns zu erkennen, auf welche Art und Weise die Wahrnehmung Ihres Unternehmens in Bezug auf die Zukunft funktioniert. Daraus lassen sich wiederum Ableitungen für Ihr persönliches Zukunftspotenzial entwickeln. Deshalb wenden wir nun das Modell der mentalen Modi an.

Wo und wie wir die mentalen Modi beobachten können

Emotionen kommen immer dann ins Spiel, wenn sich in unserer aktuellen Umgebung etwas ändert, zu dem wir einen persönlichen Bezug haben. Sie reagieren auch auf potenzielle Veränderungen, also mögliche Gefahren. Unsichere Zeiten sind daher emotionale Zeiten: Wir ahnen einen Wandel, können ihn aber meist nicht benennen. Durch Emotionen kann es gelingen, auf ein (potenzielles) Ereignis in unserer Umgebung adäquat zu reagieren. Ben-Ze'ev drückt dies so aus: »Emotionen unterbrechen das normale Funktionieren entweder in dem Sinne, dass sie es stören, oder in dem Sinne, dass sie es beträchtlich verstärken. Beide Fälle haben eine adaptive Funktion.«[7]

Der analytisch-rationale Modus beschäftigt sich mit der objektiven Welt. Darin entwerfen wir Pläne für Sicherheit und Stabilität, und wir entwickeln Regeln und Strukturen. Die Gesellschaft, in der wir leben, ist von diesem Modus geprägt. Exemplarisch können wir dafür, wie bereits erwähnt, die Bildung betrachten: Der Umgang mit Emotionen wird in Schulen nicht trainiert. Bildung setzt auf den Ausbau des Intellekts. Diesem fällt es aber schwer, Wandel und Bewegung zu verstehen. Dies gelingt immer erst, wenn ein geeignetes Denkschema vorliegt. Emotionen wiederum können kaum unter stabilen Bedingungen entstehen oder sich etablieren. An den Emotionen zeigt sich, wo unser Denken noch nicht an eine neue Situation angepasst ist.

Dazu hatte ich ein eindringliches Erlebnis. In dem Big Picture eines mittelständischen Unternehmens wurde deutlich, dass die gesammelten Aussagen im Space Gesellschaft ausschließlich analytisch-rational waren, die im Space Organisation wiederum ausschließlich emotional. Das bedeutet: Die Welt »da draußen« versucht dieses Unternehmen sehr analytisch zu erfassen. In der Organisation entsteht dadurch jedoch Unruhe, wahrscheinlich sogar Unsicherheit. Denn wie wir eben gesehen haben, ist es unserem analytischen Modus alleine kaum möglich, Veränderungen adäquat wahrzunehmen und darauf zu reagieren.

Aus der Praxis habe ich gelernt, dass es vor allem die Unterscheidung zwischen dem impulsiven, emotionalen Modus und dem intellektuellen, analytischen Modus ist, die zu erhellenden Einsichten führt. Daher ist meine Empfehlung: Wenden Sie in der Auswertung Ihres Big Pictures auch nur diese beiden mentalen Modi – den emotionalen und den analytisch-rationalen – an. Damit erhalten Sie genug neue Perspektiven, mit denen Sie im Anschluss weiterarbeiten können.

Wie Sie mentale Modi erkennen können

Gehen Sie bitte Ihre Gedanken in den Spaces ein weiteres Mal durch und diskutieren oder überlegen Sie kurz:

1. Ist dieser Gedanke emotional gefärbt, oder handelt es sich eher um eine analytisch-rationale Aussage?
2. Markieren Sie die Aussage mit einem E für emotional oder einem A für analytisch-rational.
3. Wiederholen Sie dies für alle Gedanken.
4. Sollte es Ihnen bei einem Gedanken nicht möglich sein, den mentalen Modus zu identifizieren, gehen Sie einfach zum nächsten über. Es ist nicht so wichtig, dass alle Aussagen einem mentalen Modus zugewiesen sind. Ordnen Sie nur dort zu, wo es Ihnen leichtfällt oder es Ihnen selbst wichtig erscheint.

Wenn sie dies gemacht haben, betrachten Sie die Verteilung des emotionalen und des analytisch-rationalen Modus und beobachten Sie:

1. Welche Spaces sind eher emotional und welche eher analytisch-rational?
2. Welche Denkmuster sind eher emotional und welche eher analytisch-rational?

Für die Spaces und Denkmuster in Ihrem Big Picture, die eher analytisch-rational geprägt sind, gilt: Diese Bereiche beobachten Sie aus einer gewissen Distanz. Es sind Bereiche, in denen Sie Ihr eingeübtes Denken auf die Welt anwenden. Haben Sie also eine analytisch-rational dominierte Wahrnehmung auf einem Space oder einem Denkmuster, so gilt es, diesen oder dieses wieder neu spüren zu lernen. Um für diese Bereiche eine emotionale Zuwendung zu erzeugen, ist Empathie nötig.

Für Bereiche in Ihrem Big Picture, die Sie eher emotional beobachten, kann man sagen: In diesen Bereichen spüren Sie die Welt. Dadurch haben Sie einen direkten Draht zur Gegenwart, denn Emotionen sind stets im Moment präsent. Es gibt keine ungefühlten Gefühle. Emotionen sind immer dann im Spiel, wenn sich in unserer Gegenwart etwas wandelt, das uns wichtig ist. Offensichtlich sind dies also Bereiche, die Ihnen »nahegehen«. Im emotionalen Modus sind sehr vielschichtige Emotionen enthalten, die immer wertend sind – wie zum Beispiel Schadenfreude, Stolz, Glück, Liebe, Hass, Eifersucht, Hilflosigkeit oder Mitleid. Diese Emotionen drücken unsere Haltungen zur Welt aus. In Bezug auf die Zukunft gibt es zwei emotionale Zustände: Hoffnung oder Furcht. So kann aus einer positiven Emotion wie Stolz Hoffnung für die Zukunft entstehen und aus einer negativen Emotion wie Hilflosigkeit Furcht vor der Zukunft.

Sie sollten sich nun also fragen: Sind die emotionalen Wahrnehmungen unseres Unternehmens eher hoffnungsvoll, oder fürchten wir uns als Unternehmen vor etwas? In beiden Fällen geben uns Emotionen Hinweise darauf, dass unsere kognitiven Modelle sich noch nicht an eine neue Realität angepasst haben. Die Furcht kann dabei destruktiv wirken, indem sie uns zum Rückzug und der Verteidigung des Bestehenden verleitet. Furcht kann aber auch konstruktiv wirken, wenn sie uns zur Vorsicht führt. Die Hoffnung wiederum kann destruktiv wirken, wenn wir die Welt durch eine rosarote Brille sehen. Hoffnung kann aber auch konstruktiv wirken, wenn sie uns hin zum Neuen führt und uns offen und agil hält.

Der emotionale Modus weist auf akute Veränderungen hin, für die noch kein neues Denkschema vorliegt. In Bereichen, die eher emotional geprägt sind, ist es erforderlich, Abstand zu gewinnen und die Welt distanzierter zu beobachten. Hierfür ist Verstand nötig. Allgemein gilt: Ideal ist eine Balance zwischen emotionalen und analytisch-rationalen Modi in allen Bereichen. Damit hat Ihr Unternehmen eine vollständige Wahrnehmung der Welt und die beste Grundlage für seine Zukunftsentwürfe.

Konsequenzen aus den mentalen Modi für Ihr Unternehmen

Wir haben gesehen: Der emotionale Modus weist auf akute Veränderungen hin, für die noch kein neues Denkschema vorliegt. Der analytisch-rationale Modus greift auf bestehende Denkmuster zurück und tut sich mit Neuem schwer.

Um die Balance zwischen emotionalen und analytisch-rationalen Modi herzustellen, müssen Sie zunächst extreme Verteilungen der Modi erkennen und dann Konsequenzen entwickeln, mit denen Sie bewusst gegensteuern können. Die Grundlage dafür bildet die Zuordnung der Spaces sowie der Denkmuster zu den mentalen Modi. Diese haben Sie bereits durchgeführt. Gehen Sie nun wie folgt vor:

Beobachten Sie: Welche Spaces und Denkmuster sind vor allem analytisch-rational geprägt? ______________________

____

Wie würden Sie die »Art des Denkens« in diesen Bereichen benennen? ______________________________

____

Welche Emotion täte Ihrem Unternehmen in diesen Bereichen gut?

Beobachten Sie: Welche Spaces und Denkmuster sind vor allem emotional geprägt? ___________________________

____

Benennen Sie die Emotionen und halten Sie dabei fest: Handelt es sich im Kern um Furcht oder Hoffnung? __________

____

Was kann Ihnen helfen, für diese Bereiche ein neues Denkschema zu entwickeln? ______________________________

____

Betrachten Sie jetzt die Ausprägung der mentalen Modi über alle Spaces und Denkmuster. Diskutieren Sie im Team über diese Beobachtung. Wenn Sie allein arbeiten, nehmen Sie sich etwas Zeit, um sich der Auswirkungen bewusst zu werden. Halten Sie dann eine bis drei Konsequenzen fest, die Ihr Unternehmen aus seinen vorherrschenden mentalen Modi ziehen kann. Versuchen Sie dabei, Ihr Unternehmen von außen zu betrachten. Das hilft, die Konsequenzen klarer zu formulieren.

Einem Unternehmen mit diesen Ausprägungen in den mentalen Modi würden wir/würde ich Folgendes raten:

____

____

____

▷▷▷

VIER CASES: MENTALE MODI

DIE TANKSTELLENKETTE

»Wir werden vor allem emotional, wenn es um Themen der Organisation geht.«

»Und besonders analytisch, wenn wir von Produkten und unserem Markt sprechen.«

»Das stimmt. Ich finde, dass uns das zeigt, dass wir den Kontakt zum Kunden verloren haben. Kein Wunder – wann war das letzte Mal jemand von uns draußen in einer unserer Tankstellen und hat sich die Lage vor Ort angesehen?«

Anton Meier blickt in die Runde. Manche schütteln den Kopf, andere sehen betreten zu Boden.

»Wir haben unser Geschäft so sehr als gegeben hingenommen, dass wir uns nicht mehr die Mühe gemacht haben, auf die Bedürfnisse unserer Kunden einzugehen.«

»Gut, das müssen wir uns wohl ehrlicherweise eingestehen. Und was ist mit der Emotion zum Thema Organisation? Wir sind hier primär von Furcht geprägt. Außer es geht um unsere Rente.«

Verhaltenes Kichern.

»Ich denke, daraus, dass wir in der Organisation einfach zu wenig Wissen über unser Umfeld haben, kommt unsere Unsicherheit. Wenn wir unsere Umwelt wieder verstehen lernen, geht auch die Unsicherheit zurück.«

DAS IMMOBILIENBÜRO

Die Immobilienfirma sieht ein beinahe einfarbiges Bild vor sich. Rationale Analyse geht hier vor, Emotionen sind dagegen Mangelware.

»Zum Thema Organisation werden wir manchmal emotional. Aber wenn wir ehrlich sind, dann sind wir größtenteils analytisch veranlagt.«

»Das kann doch auch gut sein. Wir betrachten die Dinge eben nüchtern und distanziert.«

»Ich weiß nicht.« Margarete Lang schockiert dieses Bild eher, als dass es sie beruhigt. »Ich dachte immer, wir seien leidenschaftlich in unserer Arbeit. Das sehe ich hier nicht. Das wirkt eher blutleer. Sollten wir nicht eigentlich für unsere Arbeit brennen? Wir sehen alles nüchtern. Rational. Vom ›Produkt‹ bis zum ›Menschen‹. Dabei hat uns gerade unsere Emotion immer so besonders gemacht. Ich weiß nicht, wie, aber ich denke, wir brauchen in allen Bereichen wieder mehr Emotion.«

»Aber wie lässt sich das erzeugen?«

»Ich denke, Emotion kommt mit dem Einsatz. Früher haben wir unsere Projekte betrachtet, als ob sie unsere eigenen kleinen Babys wären. Jedes Projekt war für uns ganz speziell, und wir haben uns ihm mit absoluter Hingabe gewidmet. Heute ist ein Projekt oft nur noch das Abarbeiten von lästigen Tasks. Aber die Emotion kommt erst damit, dass man sich Zeit nehmen kann, ein Projekt richtig kennenlernt und es wirklich versteht. Das heißt für mich: klarerer Fokus auf weniger Projekte. Für jeden Einzelnen von uns.«

DAS MEDIZINTECHNIKUNTERNEHMEN

»Also, emotional werden wir vor allem beim Thema Wirtschaft. So betrachtet scheint im Unternehmen doch sehr viel Furcht vor der Konkurrenz vorzuherrschen.«

»Ja, weil sie uns eben in vielen Belangen voraus ist!«

»Das mag sein. Aber vielleicht sollten wir das Thema auch noch umgekehrt betrachten, um wieder etwas mehr Rationalität in die Diskussion zu bringen. Wir sollten einmal klar analysieren, worin wir denn besser sind als die Konkurrenz. Dann müssten wir uns auch nicht mehr so fürchten.«

»Und wie sieht es mit den analytisch-rationalen Punkten aus?«

»Die finden sich vor allem beim Produkt und bei der Organisation. Es sind Spaces, in denen wir nicht viele Nennungen haben. Das zeigt uns doch, dass wir diesen Bereichen zu wenig Bedeutung beimessen. Wir haben kaum Bezug zu unseren Produkten. Kein Wunder, ich verstehe bei der Hälfte unserer Produkte gar nicht genau, was sie eigentlich machen.«

»Mir geht es mit dem Unternehmen auch so, ehrlich gesagt. Bei vielen Abteilungen weiß ich gar nicht so genau, was deren Aufgabe ist. Und ich denke, vielen anderen geht es ebenso. Da verwundert es dann auch nicht, dass die Emotion fehlt. Diese Bereiche sind vielen gleichgültig, weil sie sie nicht verstehen.«

DAS TELEKOMMUNIKATIONSUNTERNEHMEN

»Besonders analytisch sind wir, wenn es darum geht, *wie* wir etwas machen. Kein Wunder, wir sind auch alle ziemliche Effizienzapostel.«

Die Gruppe lacht und nickt zustimmend.

»Aber ist es nicht erstaunlich, dass die meisten Aussagen emotional geprägt sind?«

»Damit habe ich auch nicht gerechnet. Aber ich kann sie weder Furcht noch Hoffnung zuordnen. Die meisten Dinge betreffen allerdings auch die Gegenwart oder die Vergangenheit. Ich würde sagen, das meiste drückt so etwas wie Frustration aus.«

»Und wie würdest du das interpretieren?«

Sven Jost muss nicht überlegen, es erscheint ihm nur allzu offensichtlich:

»Hoffnung und Furcht sind Emotionen, die die Zukunft betreffen. Obwohl wir hier über die Zukunft sprechen wollen, zeigen wir kaum diese auf die Zukunft gerichteten Emotionen. Wir thematisieren ja auch nur die Vergangenheit, dass wir ein ›Dinosaurier‹ sind und dass wir uns ›im Kreis drehen‹.« Sven Jost macht eine nachdenkliche Pause, dann fährt er fort: »Genau betrachtet steckt darin ja doch eine auf die Zukunft gerichtete Emotion. Wenn wir das nämlich auf die Zukunft umlegen wollen, dann steht es in erster Linie für Verzagtheit, also für Furcht und nicht Hoffnung. Ich denke deshalb, wir müssen die Frustration ablegen und wieder Spaß an der Arbeit gewinnen. Von vorne beginnen. Wie ein Kleinkind!«

»Und wie willst du das anstellen?«

»Eben wie ein Kleinkind – spielerisch lernen. Uns allen würde es wohl guttun, wenn wir mal wieder über den Tellerrand blicken, in unbekannte Gefilde eintauchen und schließlich neues Wissen erwerben würden. Das würde uns stärker machen, und wir könnten auch besser auf Veränderungen reagieren.«

Konsequenzen

Nun ist es so weit. Sie haben in vielen einzelnen Schritten Beobachtungen in der vierten Dimension Ihres Unternehmens vorgenommen. Damit sind Sie in der Lage, die richtigen Konsequenzen für die Zukunft Ihres Unternehmens zu ziehen. Dafür nutzen Sie die bereits vorliegenden Ergebnisse. Am Ende stehen dann vier Konsequenzen. Nicht mehr, nicht weniger. Diese bilden die vier wichtigsten Leitplanken für Ihre Zukunft. Nehmen Sie sich für den nun folgenden letzten Schritt noch einmal ausreichend Zeit.

Und so verfahren Sie: Gehen Sie Ihre in den vier Anwendungen (Hebelwirkung, Häufung, Denkmuster und Konsistenz sowie mentale Modi) erstellten ersten Konsequenzen durch. Markieren Sie in jeder Anwendung die für Sie wichtigste Konsequenz.

1. Übertragen Sie dann die markierten Konsequenzen aus den vier Anwendungen in den Holo-Screen. Dabei können Sie die jeweilige Konsequenz auch gerne nochmals präzisieren oder leicht umformulieren. Es sollte für Sie stimmig und passend sein.
2. Aus den Erfahrungen vieler Future Rooms weiß ich, dass Sie sich für eine Reihenfolge entscheiden sollten. Die Reihenfolge sollte der von Ihnen empfundenen Wichtigkeit der Konsequenzen entsprechen. Sehr oft passt diese Reihenfolge: Häufung, Hebelwirkung, Denkmuster und Konsistenz, mentale Modi. Daran müssen Sie sich jedoch nicht halten. Wichtig ist nur, dass Sie eine Reihenfolge erstellen, um die Konsequenzen dann Schritt für Schritt umsetzen zu können.

▷▷▷

Ein Hinweis für die Arbeit im Team: Um sich auf die zentrale Konsequenz aus einer Anwendung zu verständigen, ist ein Dialog geeignet. Gerne können Sie auch klassische Abstimmungen mit Punkten oder Strichen durchführen. Der Modus der Auswahl ist Ihre Entscheidung. Wichtig ist: eine Konsequenz pro Anwendung.

Holo-Screen zu Knopf 5: Konsequenzen

1. Konsequenz: ____________________

2. Konsequenz: ____________________

3. Konsequenz: ____________________

4. Konsequenz: ____________________

Glückwunsch, Sie haben es geschafft! Die vier Konsequenzen sind formuliert. Jetzt, kurz bevor Sie den Future Room verlassen, ist die Gelegenheit, zurückzublicken. Erinnern Sie sich? Um den Future Room zu öffnen, haben Sie eine Zukunftsfrage formuliert. Diese sollte sehr persönlich und subjektiv formuliert sein. Nun sind Sie bei vier ganz persönlichen Konsequenzen angelangt. Diese entstammen dem unbewussten Zukunftsdenken Ihres Unternehmens. Das bedeutet: Die Konsequenzen stimmen. Aber stimmt Ihre Zukunftsfrage noch?

Die alte und neue Zukunftsfrage

Indem Sie die vier Konsequenzen mit Ihrer eingangs gestellten Zukunftsfrage abgleichen, stellen Sie fest, ob es noch dieselbe Frage geblieben ist oder ob sie sich verändert hat. Aber keine Sorge: Für die Konsequenzen – und auf diese kommt es ja an – spielt es keine große Rolle, ob die Frage sich geändert hat oder nicht. Denn die Konsequenzen bleiben bestehen, selbst wenn sich die Frage verändert haben sollte. Wenn wir also abschließend im Future Room den Abgleich mit Ihrer ursprünglichen Zukunftsfrage vornehmen, dient dies allein Ihrer persönlichen Fokussierung, Ihrer Idee für die Zukunft. Dies ist natürlich nicht gering zu schätzen. Daher lade ich Sie jetzt ein, den Abgleich vorzunehmen. Diskutieren Sie im Team oder überlegen Sie für sich selbst: Sind die entstandenen Konsequenzen Antworten auf Ihre Zukunftsfrage?

Ja ☐

Nein ☐

Falls nein: Wie lautet die nun offensichtliche Zukunftsfrage, auf die die Konsequenzen eine Antwort liefern? ______________________

____

Schauen wir noch einmal, wie es unseren Unternehmen ergangen ist! Auch sie haben im Future Room Konsequenzen entdeckt und die richtigen Schritte in die Zukunft erkannt.

VIER CASES: KONSEQUENZEN – DIE RICHTIGEN SCHRITTE IN DIE ZUKUNFT

DIE TANKSTELLENKETTE

Während sich die Gruppe weiter den Kopf zerbricht, wird der Fall für Anton Meier immer klarer. Seine Ausgangsfrage wurde beantwortet: Das Geschäft mit der Mobilität wird es auch in Zukunft geben. Aber wenn er mit dem Unternehmen den Aufbruch in eine neue Zukunft wagen möchte, braucht er zusätzlich Unterstützung von jüngeren Menschen. Menschen, denen die Zukunft des Unternehmens wirklich etwas bedeutet, weil es sie selbst betrifft. Und vor allem auch Menschen, die die neue Gesellschaft und ihre Bedürfnisse besser verstehen können, weil sie selbst ein Teil davon sind.

Die Konsequenzen bilden sich bereits vor seinem inneren Auge:

1. Das Unternehmen wird sich auch seine Zukunft primär in der Mobilitätsbranche aufbauen können.
2. Das Führungsteam wird um jüngere Personen erweitert, denen die Zukunft des Unternehmens am Herzen liegt.
3. Eine Taskforce wird eingerichtet, die sich einzig mit der möglichen neuen Ausrichtung des Unternehmens beschäftigt.
4. Es werden gezielte Experimente durchgeführt, um die erarbeiteten Ansätze in der Realität zu testen und sich selbst die Unsicherheit über große Entscheidungen zu nehmen. Die Führungskräfte sind vor Ort dabei, um die unterschiedlichen Versuche in den Filialen zu begleiten und die Erfahrungen aus erster Hand zu erleben.

DAS IMMOBILIENBÜRO

Die Konsequenzen sind für die Gruppe schnell notiert:

1. Um erfolgreich zu sein, muss das Unternehmen individuelle und kreative Lösungen anbieten können.
2. Dazu muss es möglich sein, dass sich die Personen im Unternehmen tiefgreifend mit den einzelnen Projekten auseinandersetzen können.
3. Damit das möglich ist, muss der Fokus weg von der Organisation und hin zu den Produkten gelenkt werden.
4. Das wird allerdings nur möglich, wenn jedem einzelnen Mitarbeiter im Unternehmen Vertrauen geschenkt und mehr Verantwortung übergeben wird.

DAS MEDIZINTECHNIKUNTERNEHMEN

Manuela Kainz fasst die Ergebnisse zusammen: »Also, das sind nun unsere Konsequenzen: Erstens müssen wir alle besser verstehen, was in unserem Unternehmen passiert und was unsere Produkte besonders macht. Zweitens können wir dann ein klares Profil unserer Stärken erarbeiten. Sobald wir das erledigt haben, können wir uns – drittens – auch in unserer gesamten Unternehmenskultur öffnen. Sicherheit schafft Zuversicht, sage ich immer. Und das ist die Basis dafür, dass wir – viertens – lernen, mit der Digitalisierung umzugehen und neue Produktfelder in diesem Bereich zu erschließen.«

DAS TELEKOMMUNIKATIONSUNTERNEHMEN

»Ich schlage folgende vier Konsequenzen vor: Erstens, wir brauchen im Unternehmen ein Bewusstsein dafür, wie schnell sich die Dinge wandeln können, um eine gewisse Dringlichkeit aufzubauen. Zweitens müssen wir lernen, den Menschen wieder in unser Denken einzubeziehen. Drittens müssen wir spielerisch an neue Themen herangehen, um neue

Möglichkeiten für unser Handeln zu entwickeln. Dann können wir – viertens – neue Lösungswege für die Probleme beschreiten, die uns schon seit Jahren begleiten.« Sven Josts Vorschlag findet allgemeine Zustimmung.

AUF DEM WEG AUS DEM RAUM IN DEN ALLTAG

Sie haben im Future Room die richtigen Schritte in die Zukunft erkannt. Es war ein intensiver und umfangreicher Prozess: Zunächst haben Sie sich mit den Zukunftsfragen und -bildern Ihres Unternehmens beschäftigt. Sie haben hierzu Gedanken entwickelt und die Holo-Screens damit gefüllt. Mittels des ersten Translators ist es Ihnen sodann gelungen, das Big Picture zu entwerfen, welches das Future Mindset ihres Unternehmens offengelegt hat. Mittels des zweiten Translators konnten Sie im Anschluss lernen, dieses Big Picture richtig zu deuten. Damit sind Sie in die vierte, die implizite Dimension Ihres Unternehmens vorgedrungen. In dieser werden die Potenziale und wesentlichen Kräfte sichtbar. Dort erzeugen kleine Änderungen große Wirkung. Und von da haben Sie nun im letzten Schritt die Übersetzung in die erste Dimension der Wirtschaft vorgenommen. Mit den vier Konsequenzen liegen Ihnen sehr klare Botschaften vor. Die Fokussierung auf vier macht das Ergebnis übersichtlich, somit kann Orientierung entstehen. Sie können sicher sein, dass die vier Konsequenzen eine tiefe Verankerung in Ihrem Unternehmen haben und nicht trivial sind. Auf Zukunft geeicht sind die Konsequenzen, weil die Einblicke in das Unternehmen ausschließlich über Zukunftsfragen und die Reflexion von Trends entstanden sind. Sie haben damit den Anschluss des impliziten Mindsets Ihres Unternehmens an die von Trendforschern entwickelten Zukunftsbilder erzeugt.

Mit diesen Ergebnissen können Sie nun den Future Room wieder verlassen. Ihre Alltagswelt wartet auf Sie. Sie werden dabei bemerken, dass die Konsequenzen über ihre praktische Umsetzung hinaus eine Wirkung in Ihnen haben. Ihre selektive Wahrnehmung wird sich daran anpassen. Es kann sein, dass Sie viele Dinge um sich herum nun anders sehen oder dass Sie zumindest genauer hinschauen werden. Vielleicht werden Sie auch in Frage stellen, ob das wirklich stimmen kann, was Sie da entwickelt haben. Auch das ist ein Teil des Prozesses: In Ihnen oder in Ihrem Team entsteht eine neue Perspektive auf Ihr tägliches Tun. Das kann auch einen inneren Widerstand erzeugen. Mein Vorschlag ist: Lassen Sie die Ergebnisse ein paar Tage wirken. Agieren Sie nicht zu schnell, versuchen Sie nicht, sofort ganz konkrete Lösungen oder Konzepte zu finden. Der Umgang mit unserer komplexen Welt benötigt Gelassenheit als Basis. In der Kombination mit den essenziellen Informationen, um die Sie nun reicher sind, erzeugt das die Kraft, die Sie benötigen. Ich wünsche Ihnen bei Ihren nächsten Schritten in die Zukunft alles Gute und viel Erfolg. Wenn Sie an Ideen interessiert sind, was Sie mit den Konsequenzen operativ weiter tun können, warte ich gerne vor dem Future Room auf Sie.

Und damit der Übergang in den Alltag auch gelingt, möchte ich Ihnen nun noch eine letzte Übung mit auf den Weg geben.

Erste Ideen für die Umsetzung der Konsequenzen

Nehmen Sie sich eine Stunde Zeit, gerne auch als Team. In dieser Stunde entwickeln Sie die ersten Zugänge, wie die Konsequenzen sich mit dem unternehmerischen Alltag verbinden lassen.

1. Vergewissern Sie sich: Warum ist es Ihnen so wichtig, sich mit der Zukunft Ihres Unternehmens zu beschäftigen?
2. Nehmen Sie dann die erste Konsequenz und formulieren Sie diese zu einer Frage um. Sollte Ihre Konsequenz beispielsweise lauten: »Wir müssen unser Denken ändern«, dann würde die Frage lauten: »Was können wir tun, um unser Denken zu ändern?«
3. Nehmen Sie sich 15 Minuten Zeit und versuchen Sie, diese Frage zu beantworten. Das muss nicht final sein. Es ist ausreichend, dass Sie eine Ahnung davon bekommen, wie es weitergehen könnte.
4. Für die Beantwortung der Frage nutzen Sie eine Workshop- oder Meeting-Methode, die Ihnen vertraut ist.
5. Wiederholen Sie dies für die weiteren drei Konsequenzen.
6. Beenden Sie das Meeting mit einer ersten Zusammenfassung.

VIER CASES: WAS DANACH GESCHAH

DIE TANKSTELLENKETTE

Anton Meier stellt sich heute eine andere Zukunftsfrage, wenn er aus dem Fenster blickt. Nicht mehr »Gibt es in Zukunft noch Tankstellen?«, sondern »Wie sieht die Tankstelle der Zukunft aus?«. Er hat sich entschieden, vier junge Persönlichkeiten direkt von der Universität in den Führungskreis aufzunehmen. Er wollte Menschen, die noch nicht durch das Tankstellen-Business geprägt sind, um neue Geschäftspfade im Mobilitätssektor zu erkunden. Dieses »neue« Strategieteam findet sich immer wieder mit den arrivierten Leuten aus dem Management zusammen, um innovative Ansichten mit fachlicher Expertise zu verbinden. Heute führen sie in verschiedenen Filialen unterschiedliche Versuche durch, um neue Businessmodelle zu erproben. Manche Versuche erweisen sich als Nieten. Aber das Risiko ist allen bewusst. Wichtig ist, dass tatsächlich einige Versuche großes Potenzial zu haben scheinen und auch schon erste Gewinne damit erzielt werden. Wenn es dem Unternehmen gelingt, in diesem Tempo weiterzulernen, hat Anton Meier keine Sorge, dass er das Familienunternehmen der nächsten Generation übergeben kann.

DAS IMMOBILIENBÜRO

Die Konsequenzen waren für das Immobilienbüro schnell notiert. Obwohl das Ergebnis ein gänzlich anderes war, als die Gruppe zu Anfang vermutet hätte. Aus der Frage nach »Innovationstauglichkeit« wurde die Frage nach »Vertrauen im Unternehmen«. Eine richtige und wichtige Frage. Die Umsetzung des dazugehörigen Plans war aber trotzdem nicht immer einfach. Vertrauen zu geben ist schnell gesagt. Damit das Führungsteam dies auch wirklich umsetzen konnte, musste es sich selbst strenge Regeln auferlegen. Es ließ einige Juniormanager ein Projekt auf eigene Faust durchführen. Und siehe da: Das Vertrauen machte sich bezahlt. Danach wurde es für das Führungsteam leichter, sich besser auf einzelne Projekte zu fokussieren. Zeitgleich konnte es langsam lernen, welche Potenziale die jungen Mitarbeiter haben, aber auch, in welchen Bereichen sie noch Unterstützung benötigen. Heute fungieren Margarete Lang und ihre Mitstreiter vor allem als Mentoren, weniger als »Feuerwehrleute«, die an jeder Ecke einen Brand zu bekämpfen haben. Sie versuchen, die individuellen Stärken jedes Mitarbeiters zu entwickeln, um letztendlich auch individuelle Lösungen bei ihren Projekten zu erarbeiten.

DAS MEDIZINTECHNIKUNTERNEHMEN

Der Weg zum »digitalen Unternehmen« war weder kurz noch einfach zu gehen. Er verlangte einen großen kulturellen Umbruch. Zunächst musste der Status quo verstanden und ein Bewusstsein für die Stärken des Unternehmens geschaffen werden. Damit wurde es für alle im Unternehmen leichter, sich mit den Veränderungen in der Umwelt zu beschäftigen und darüber nachzudenken, wie man ihnen am besten begegnen konnte. Erst hierdurch wurde es möglich, sich an die Digitalisierung zu »gewöhnen«. Es wurden Experten zum Thema eingeladen, die Vorträge hielten und Schulungen durchführten. Die Mitarbeiter wurden gezielt dazu angehalten, lästige Aufgaben aufzuzeigen, um diese dann durch automatisierte Tools Schritt für Schritt zu verbannen. So erkannte man in der Digitalisierung einen »Verbündeten«, und es entwickelte sich ein tieferes Verständnis für die Funktionsweise und die Möglichkeiten digitaler Lösungen.

Die Idee vom »Krankenhaus ohne Ärzte« wurde zwar wieder verworfen, doch es konnten mehrere neue Produktfelder erkannt werden, die heute bereits von Start-up-ähnlichen Initiativen des Unternehmens bearbeitet werden. Viele, wenngleich nicht alle davon, nutzen neue digitale Technologien.

DAS TELEKOMMUNIKATIONSUNTERNEHMEN

Wenige Wochen nach dem Betreten des Future Rooms gab es im Unternehmen eine riesige Konferenz zum Thema »Disruptive Innovation – wenn der Weg urplötzlich zu Ende geht«. Sie war ein voller Erfolg und hat die Belegschaft richtig wachgerüttelt. Die Konferenz wurde dadurch unterstützt, dass eine interne Online-Plattform eingerichtet wurde, auf der die Mitarbeiter Vorschläge zu neuen Geschäftsfeldern einbringen konnten. So wurden sie gleich zum Handeln animiert. Neben konkreten Produktideen wurden auf der Plattform auch spannende Trends und Weak Signals gesammelt, die von der Belegschaft beobachtet wurden. Dieser Input wurde schließlich als Basis für den neuen Gesellschaftsreport verwendet, der ergänzend zum Technologiereport entwickelt wurde. Beide werden nun jährlich unter Einbeziehung aller Mitarbeiter erstellt. Daneben entstehen aus Ideen immer wieder kleinere Projekte, die insbesondere Erkenntnisgewinn und Wissensvermehrung zum Ziel haben. Für die Mitarbeiter ist das eine willkommene Abwechslung zum Tagesgeschäft. Für die Geschäftsführung eine Quelle wertvoller Informationen. Letztendlich ist mit diesen Maßnahmen nicht nur die Orientierung der Mitarbeiter besser geworden, sondern auch ihr Engagement gewachsen.

WIEDER DRAUSSEN VOR DER TÜR

Der Future Room ist eine sehr intensive Methode. Sie arbeiten im Future Room mit neuen Werkzeugen und erhalten ungewöhnliche Perspektiven auf Ihr Unternehmen. Zurück in der realen Welt, haben Sie mit den Konsequenzen die richtigen Grundlagen, um die Zukunft selbst zu gestalten. Der Future Room muss natürlich auch kein einmaliges Ereignis sein. Sie können jederzeit und zu unterschiedlichen Fragestellungen an diesen wunderbaren Ort zurückkehren. Selbst in alltäglichen Situationen. Hat man das Prinzip des Raums verstanden, gelingt es immer besser, ihn auch in den Alltag zu integrieren.

Für größere Fragen und komplexere Sachlagen können Sie sich übrigens in Details des Future Rooms vertiefen, um in der Analyse und den Konsequenzen noch schärfer und klarer zu werden. Dafür stehen Ihnen auf der Future-Room-Website Tools und Texte zur Verfügung: https://futureroom.network. Dort finden Sie auch den Draht zu meinem Future-Room-Team, das Ihnen bei allen weiteren Fragestellungen gerne weiterhelfen wird.

Alles Gute für Ihre Zukunft!

Danksagung

Die Entwicklung der Methode Future Room war keine Einzelleistung. Vielmehr gab es Menschen, die sehr wichtige Impulse gegeben haben, sodass aus vielen Erfahrungen und Erkenntnissen eine anwendbare Methode entstehen konnte. Allen voran möchte ich die Kunden des Zukunftsinstituts nennen: Ihnen und ihren Fragestellungen ist es zu verdanken, dass ich überhaupt an der Entwicklung einer Methode zu arbeiten begann. Das Grundvertrauen unserer Kunden war die essenzielle Voraussetzung dafür. Dies ist eine besondere Auszeichnung, die ich sehr zu schätzen weiß und für die ich mich herzlich bedanke.

Darüber hinaus ist es mir wichtig, denjenigen Menschen meinen Dank auszusprechen, die in entscheidenden Momenten wesentlich dazu beigetragen haben, dass die Methode Future Room entstehen konnte:

Meiner Frau Stephanie. Du hast mich nicht nur in den sehr intensiven letzten Jahren stets verstanden und mit all deiner Kraft unterstützt. Auch dein kluges und sehr differenziertes Feedback war und ist für mich zutiefst wertvoll. Wir wirken als Paar sowohl im beruflichen wie im privaten Leben zusammen und erzeugen dadurch (oder dennoch – je nach Betrachtung) eine emotionale Stabilität. Sie ist meine Grundvoraussetzung für jeden Schritt in absolutes Neuland – wie es auch bei der Entwicklung der Methode Future Room der Fall war.
Mag. Stephanie Gatterer hat nach ihrem Studium der Internationalen Betriebswirtschaft in exportorientierten Unternehmen in Österreich

und Spanien gearbeitet. Im Zukunftsinstitut sorgt sie dafür, dass das freie Denken im Institut den richtigen wirtschaftlich-rechtlichen Rahmen hat.

Matthias Horx. Von dir kam der Impuls dazu, eine Methode zu etablieren, die von einer Raummetapher ausgeht. Die vielen gegenseitigen Inspirationen und die Iterationen, die wir gemeinsam durchgeführt haben, waren das Fundament der Entwicklung. Unsere ersten Gedanken kreisten um den »Vision Room«. Aus dem »Vision Room« ist der »Future Room« geworden. Und dennoch stecken dein weiter und offener Geist und dein analytischer Scharfsinn in Bezug auf gesellschaftlichen Wandel im Inneren auch des Future Rooms.
Matthias Horx ist Gründer und Mitinhaber des Zukunftsinstituts mit Sitzen in Frankfurt und Wien. Als einer der Ersten wagte er sich in Deutschland auf das Feld der Trend- und Zukunftsforschung. Er hat dieses nicht nur geprägt, sondern vor allem für viele Menschen zugänglich gemacht.

Silke Seemann. Mit dir ist ein grundlegendes Element des Future Rooms untrennbar verbunden. Die Formtheorie und im Speziellen die von Dirk Baecker entwickelten sogenannten Catjects zur Form of the Firm hätte ich ohne dich wahrscheinlich nie zu Gesicht bekommen. Ich hätte sie jedenfalls nie in der Kürze der Zeit als geistiges Konzept erfasst. Dass aus derart komplexer Theorie eine praktische Anwendung werden kann, war zu Beginn überhaupt nicht klar. Durch dich wurden theoretische Grundlagen lebendig, ohne die die Entwicklung des Future Rooms nicht hätte gelingen können.
Dr. Silke Seemann ist leidenschaftliche Denkerin, Autorin, Forscherin und Beraterin unter dem Einfluss von Spencer Browns Formkalkül, der Kybernetik zweiter Ordnung. Sehr stark bezieht sie sich dabei auf die Arbeiten von Niklas Luhmann, François Jullien, Dirk Baecker und Mihály Csíkszentmihályi.

Gabriel Diakowski. Als extremen Denker und kritischen Geist habe ich dich kennengelernt. Und als dieser warst du in zwei ganz entscheidenden Momenten an meiner Seite: Erstens, als der für mich große Schritt vom

Plural, den »Future Rooms«, hin zu dem einen, unverwechselbaren »Future Room« geschah. Und dann hast du mir die Form des Hypercubes vorgelegt. Zunächst empfand ich diesen mehr als Fremdkörper denn als hilfreich. Doch der Hypercube hat mich nicht losgelassen und wurde zum Ankerpunkt der Analogie der vierten Dimension. Diesen Sprung hätte ich ohne deine Inspiration wohl nicht gewagt.
Gabriel Diakowski hat 20 Jahre als Texter und Regisseur an der kreativen Spitze führender deutscher Werbeagenturen gewirkt. Seine Kreativität fließt zurzeit vor allem in künstlerische Projekte. Darüber hinaus ist er auch Sparringspartner für ausgewählte Unternehmen.

Michael Lehofer. Durch die vielen Begegnungen und Gespräche mit dir über die Jahre habe ich enorme Einsichten in die Psychologie sowie das Mensch-Sein erhalten. Ohne diese wären mir viele Beobachtungsebenen entgangen, hätte ich einige Zusammenhänge schlichtweg ignoriert. Im Future Room werden Zukunftspotenziale sichtbar. Zukunft hat immer mit Veränderung zu tun. Was dies für Menschen bedeutet, kann ich durch dich in ganz anderem Maße erkennen.
Prof. Dr. Dr. Michael Lehofer ist Psychologe und Psychotherapeut und als solcher Ärztlicher Leiter des Landeskrankenhauses Graz Süd-West sowie Leiter zweier psychiatrischer Abteilungen. Er vertritt auch eine eigene Philosophie des Lebens im Kontext der Herausforderungen im 21. Jahrhundert. Sein Buch Mit mir sein, *erschienen im Braumüller Verlag, 2016, handelt davon.*

Verena Muntschick und Philipp Hofstätter. Die Entstehung eines Buches zur Methode Future Room war ein ganz neuer Schritt und so auch gar nicht geplant. Doch durch eure inhaltliche Mitarbeit und Unterstützung war es möglich, das Buch tatsächlich zu realisieren. Und natürlich steht ihr auch stellvertretend für unsere Kollegen im Zukunftsinstitut, die jeden Tag dafür einstehen, dass diese Methode lebt und sich weiterentwickelt. Im Alltag haben damit am meisten zu tun: Florian Kondert, Mark Morrison und Daniel Anthes. Darüber hinaus steht das gesamte Team des Zukunftsinstituts hinter dem Future Room und seinen Entwicklungspotenzialen. Auch das ist nicht selbstverständlich, und daher gilt auch wirklich allen im Team mein Dank für die tolle Unterstützung auf dem sehr spannenden und wirklich besonderen Weg.

Im Zukunftsinstitut arbeiten Menschen aus ganz unterschiedlichen akademischen Richtungen und mit diversen persönlichen Hintergründen. Was sie alle verbindet, ist die uneingeschränkte Neugierde auf die Zukunft. Und der Glaube daran, dass Zukunft nur gemeinsam gelingt.

Anmerkungen

1 Kahneman, Daniel: *Schnelles Denken, langsames Denken*, München 2012.
2 Knapp, Natalie: *Der Quantensprung des Denkens*, Reinbek 2011.
3 Bohm, David: *Die implizite Ordnung*, München 1985.
4 Casti, John: *Future Global Shocks. Four Faces of Tomorrow*, OECD, Paris 2011.
5 Baecker, Dirk: »The Form of the Firm«, in: *Organization: The Critical Journal on Organization, Theory and Society* 13, no. 1. (2006), S. 109–142; ders., »Welchen Unterschied macht das Management?« in: ders., *Organisation und Störung: Aufsätze*, Berlin 2011, S. 26–54; ders.: *Die Form des Unternehmens*, Frankfurt am Main 1993; ders.: *Produktkalkül*, Berlin 2017.
6 Barrow, John D.: *Die Entdeckung des Unmöglichen*, Heidelberg 1999.
7 Ben-Ze'ev, Aaron: *Die Logik der Gefühle*, Frankfurt am Main 2009, S. 149.

Register